HISTOIRES ET ROMANS

DE

VÉGÉTAUX

Paris. — Imprimerie Paul Dupont. (Cl.) 67.10.81.

HISTOIRES ET ROMANS

DE

VÉGÉTAUX

PAR

S. HENRY BERTHOUD

PARIS

SOCIÉTÉ D'IMPRIMERIE ET LIBRAIRIE ADMINISTRATIVES

ET DES CHEMINS DE FER

Paul DUPONT

Rue Jean-Jacques-Rousseau, 41 (Hôtel des Fermes).

—

1882

HISTOIRES ET ROMANS

DE VÉGÉTAUX

CHAPITRE PREMIER

DEUX ENFANTS ET UN CHIEN

Il y a environ vingt ans, le hasard d'une promenade ou plutôt le caprice de sa petite chienne Mino avait amené un vieillard aux abords du pauvre cimetière auquel le langage toujours si pittoresque du populaire parisien donne le nom de *Cayenne*.

C'est en effet un véritable lieu de déportation pour ceux qui s'en vont dans l'autre vie, sans que leurs proches puissent ou veuillent leur acheter une concession à perpétuité.

La mignonne bête ne tenait sans doute aucun compte de cette réflexion mélancolique du vieillard, car elle allait de çà et de là, flairant quelque brin d'herbe qui apparaissait parfois, et se roulant dans la neige, sans le moindre respect pour la jolie housse de drap destinée à la protéger contre le froid. Son maître la laissait faire à sa guise et suivait d'un regard ami chacun de ses mouvements. Jamais, du reste, on n'avait vu plus petit et plus charmant épagneul marron et de pure race écossaise.

Sur ces entrefaites, un corbillard des pauvres sortit du cimetière. Le cocher le conduisit à quelques pas de là, s'arrêta devant un marchand de vin, descendit de son siège, entra demander du vin, s'assit devant une petite table et alluma sa pipe.

Deux enfants qui suivaient le corbillard et qui pleuraient, restèrent tout déconcertés par la station inattendue de la voiture funèbre.

C'était un petit garçon qui pouvait avoir dix ans et une petite fille blonde et mignonne qui en comptait cinq tout au plus. Celle-ci leva les yeux vers son frère et le regarda avec surprise. Le petit garçon redoubla de larmes.

Le vieillard s'approcha d'eux.

— Mes enfants, leur dit-il, vous ne savez sans doute point votre chemin pour retourner chez vous ? dites-moi où vous demeurez et je vous indiquerai votre route.

— Grand'mère est morte, répondit l'enfant et quand nous sommes partis avec le corbillard pour le cimetière, la logeuse a dit : Enfin, me voilà débarrassée de tout cela. La vieille morte me redoit cinq jours de loyer, mais je l'en tiens quitte puisque ma mansarde reste libre, et que je suis quitte d'elle et de cette marmaille.

— Vous n'avez donc point de parents ?

— Mon père est mort, puis ma mère et après cela grand'mère. Je ne connais personne au monde.

— Et quel était l'état de votre père ?

— Mon père a été tué à la guerre dans son pays.

— Quel pays?

— Abancourt.

— Dans le département du Nord?

—Je crois que oui ; je n'en sais trop rien, cependant.

— Qu'allez-vous faire?

Le petit garçon regarda le vieillard avec effarement, baissa la tête et resta quelque temps sans répondre. Enfin il reprit avec effort :

— J'irai dans un bureau de police. On m'a dit qu'on y recueillait les enfants abandonnés et qu'on les envoyait à l'hôpital. Mais ils vont séparer ma sœur de moi. Le bon Dieu devrait bien nous envoyer dormir aussi, près de grand'mère.

Le vieillard sentit ses yeux pleins de larmes, tandis que Mlle Mine venait appuyer ses pattes sur la poitrine de la petite fille, se hissait jusqu'à son visage et se mettait à lécher ses larmes.

Cet acte de compassion de la chienne sembla faire prendre au vieillard une résolution devant laquelle il avait jusque-là semblé hésiter.

— Venez avec nous, mon enfant, dit-il. Il disait « nous », car Mlle Mine comptait à ses yeux pour une partie intime de lui-même.

— Venez nous causerons et nous aviserons.

En ce moment, un fiacre vint à passer; la chienne, en jappant et en sautant devant la voiture, témoigna de sa volonté bien arrêtée d'y monter.

— Tu as raison, Mine, tu as raison, dit son maître, et il fit un signe au cocher.

Tous les quatre montèrent donc dans la voiture qui se dirigea, sur l'ordre du vieillard, vers un des nouveaux quartiers elevés devant le parc Monceau et qui aboutissent à la rue Prony et à la rue Legendre.

Le cheval fit halte devant une petite maison, Mlle Mine s'élança la première de la voiture, les enfants et le vieillard la suivirent, et, avant que la sonnette tintât, une vieille femme vint ouvrir et écarquilla ses gros yeux vérons à la vue de la singulière compagnie qu'amenait son maître.

— Tréa, lui dit-il en flamand, voici de pauvres orphelins que je t'amène.

— Et que voulez-vous que j'en fasse ? répliqua-t-elle dans la même langue. Avec leurs méchantes chaussures trouées et pleines de boue, ils vont tout crotter ici. N'y a-t-il point déjà assez d'ouvrage dans cette maison pour les bras d'une pauvre vieille comme moi ?

— Prends la petite fille dans tes bras ; elle ne peut plus se soutenir tant elle est fatiguée et mène-la dans mon cabinet, près du feu. Et toi, mon garçon, suis-nous.

— Ah Jésus ! dit Tréa, comme la petite **a** les mains froides ! que doivent donc être ses pieds ?

Et elle la prit sur ses genoux, la déchaussa avec précaution et, par un mouvement de dédain, jeta dans le feu les bas et les souliers.

Puis, avec la familiarité d'un vieux serviteur gâté :

— Monsieur, donnez-moi donc votre cuvette et versez-y un peu d'eau chaude, qui se trouve dans la bouillotte devant le feu, et puis passez-nous une de vos éponges.

Le vieillard obéit en souriant, et Tréa se mit à
faire une toilette si complète à la petite fille, que
celle-ci finit par se trouver à peu près nue dans les
bras de l'excellente femme.

— Il est tard, murmura Tréa, et il n'y a pas
moyen, ce soir, d'acheter du linge, une robe et des
souliers à cet ange. Nous y pourvoirons demain,
mais je vais l'envelopper d'une de mes chemises
et la coucher bien chaudement dans mon lit. Demain matin, j'irai lui acheter tout ce qu'il faut.

— Voilà qui est bien, mais son frère, crois-tu
qu'il n'a pas aussi besoin de tes soins ?

— Si, vraiment. Prenez la petite sur vos genoux.
Pas si vite !... doucement ! car, vous le voyez, elle
s'est déja endormie dans mes bras. Et maintenant,
à toi, mon gars !

Il fallut que le petit garçon se laissât déshabiller
et docilement largement ablutionner par la vieille
femme.

— Le pantalon et la chemise peuvent encore
servir. Tout à l'heure, je vais dresser, à ce petit
homme, un lit dans ma chambre, il y dormira comme
un prince.

— Oui, Tréa, mais les princes soupent et moi et
toi aussi. Avant de les mettre au lit, mettons-les à
table.

Ils gagnèrent tous les deux la salle à manger,
lui, portant la petite fille, et elle, le petit garçon, car
en conscience, dit-elle, ils ne peuvent marcher les
pieds déchaux.

CHAPITRE II

HISTOIRE DE M. RAPARLIER ET DE L'HÉMÉROCALLE FAUVE

Comme le docteur Bogaerts, après avoir quitté la Belgique à la suite d'un incurable chagrin, habitait Paris depuis sept à huit ans à peine, il y comptait peu de relations. Sauf ses visites régulières à l'Institut dont il était membre correspondant et dont il recevait une ou deux fois l'été quelques membres à dîner, il n'avait en réalité d'autre ami véritable que le docteur Raparlier, membre de l'Académie des sciences et botaniste célèbre.

Mais M. Raparlier, relativement jeune encore, voyageait souvent, et il n'annonçait jamais son départ à son vieil ami, que par une lettre remarquable de brièveté, et sans parler du lieu où il se rendait, ni de la durée probable de son absence.

A vrai dire, ces disparitions du savant laissaient toujours un vide dans l'existence de M. Bogaerts; à l'heure de la visite quotidienne de l'académicien, il lui semblait que sa vie devenait encore plus solitaire. Puis il lui fallait faire seul avec sa petite chienne sa promenade de chaque jour, et il lui arrivait souvent de tourner machinalement la tête et d'ouvrir la bouche pour exprimer à M. Raparlier une idée qui lui passait par la tête. Alors il se souvenait et il appellait près de lui Mlle Mine, qu'il caressait longuement, et disons-le bien bas, parfois les larmes aux yeux.

Or, quelques mois après l'installation des deux petits orphelins chez M. Bogaerts, un homme d'environ soixante ans, bâti en force, à grands favoris blonds mêlés de fils blancs, le teint coloré, l'air intelligent et doux, quittait l'appartement qu'il occupait rue de Seine, et se dirigeait vers le Parc-Monceau.

C'était le docteur Ambroise Raparlier. Il arrivait de l'un de ces voyages mystérieux dont il avait, je vous l'ai dit, l'habitude, et ce voyage mérite d'autant plus de vous être conté, qu'il servira à nous faire faire connaissance avec l'excellent homme.

La plupart des touristes français prennent pour but de leurs excursions la Suisse ou l'Italie. A Dieu ne plaise que je parle mal de ces deux pittoresques contrées. On ne peut guère leur reprocher que d'être trop connues. On ne saurait rien y voir qu'un autre n'y ait vu déjà.

Il n'en est point de même d'une grande partie de la France, et particulièrement des Vosges. Là, tenez-le pour certain, vous trouverez de l'imprévu ; là, vous pourrez peut-être poser vos pieds où sont parvenus bien peu de pieds avant les vôtres ; là vos regards stupéfaits et émerveillés verront une nature sauvage, grande et inconnue.

Notre botaniste était donc *parti à pied de Gérardmer*, après avoir pris pour guide une petite paysanne de quatorze ans, brune comme une bohémienne, alerte comme une chèvre, jacassière comme un pie, gaie comme un pinson, et qui avait nom Jeannette, et se dirigea sur Wildenstein, en passant par Wesserling.

M. Raparlier possédait un riche herbier et travaillait depuis trente ans à le compléter. Il lui manquait néanmoins une *hémérocalle fauve*, seule hémérocalle indigène que l'on connaisse. Non seulement il désirait ardemment posséder cette plante, mais encore il voulait la choisir lui-même, parée de toute la beauté sauvage qu'elle ne possède que dans certains lieux de prédilection, et particulièrement dans les Vosges.

Depuis un mois qu'il parcourait la montagne, il l'avait vainement cherchée partout. Il parvint donc à Gérardmer, désappointé, mais non découragé, car la passion, j'allais dire la monomanie des collectionneurs, ne connaît jamais le découragement. Elle compte pour rien même la fatigue et l'attente. Oui, l'attente, la plus aiguë des souffrances morales ! l'attente, qui fait battre fiévreusement le cœur ! l'attente, qui tord les nerfs et qui congestionne le cerveau ! l'attente, qui faisait dire à Mme de Staël : « Mieux vaut la plus cruelle réalité qu'une heure d'attente ! »

M. Raparlier, quoique fatigué déjà par de longues excursions pédestres, quoique déçu maintes et maintes fois, ne s'en mit pas moins en route pour Wildenstein, où il espérait trouver l'hémérocalle fauve. Jeannette, court vêtue d'un jupon rayé,

les pieds nus, les cheveux au vent, et son chapeau
de paille passé au bras en guise de panier, marchait
résolûment devant lui, avec la légèreté et la sûreté
de pied d'une chèvre. Tantôt elle grimpait sur un
roc pour y cueillir une fleur, qui ne tardait point à
tomber du corsage de toile bise où elle l'avait négli-
gemment placée ; tantôt elle descendait au fond
d'un ravin où l'attirait quelque caillou brillant,
presque toujours rejeté aussitôt que ramassé.

Arrivée au lac de Lispach, elle s'arrêta pour
faire, avec des morceaux d'ardoise, de beaux rico-
chets sur la nappe d'eau. Puis, laissant là brusquement ce jeu, elle se jeta dans une forêt de sapins
dont les imposantes futaies eussent émerveillé une
attention moins préoccupée que celle d'un botaniste à la recherche d'un *désideratum*. En vain
M. Raparlier remarqua-t-il, au milieu de troncs
pourris, la *listera cordata*, et récolta-t-il abondamment des *aspidium dilatatum*, des *oreoptoris*, des
isidium coralinum : tout cela, si beau, si rare, si
monstrueusement affublé de noms latins qu'il fût,
ne dérida pas un moment son front soucieux. — Ce
n'était point l'hérémocalle fauve !

Le chemin qui, du lac de Lispach, conduit à Wildenstein présente un caractère vraiment grandiose.
On traverse une immense vallée (les *faignes* de la
Vologne) couverte de pâturages et fermée de toutes
parts ; la route de la Bresse grimpe en serpentant
sur les flancs occidentaux de l'arête centrale, et
ressemble à un gigantesque reptile diapré de rouge,
de gris, de noir, de blanc ou de vert, selon la nature
ou la culture du terrain. Arrivé au Col de Drumont,

point culminant de la chaîne de ces montagnes et haut de deux cent cinquante mètres, on se trouve en face des vallons lorrains ; en tournant la tête, on aperçoit les horizons de l'Alsace.

Quand M. Raparlier parvint à cet endroit, le soleil couchant dorait splendidement de ses derniers rayons la Lorraine, tandis que, par un contraste imposant, l'Alsace se perdait dans la brume et dans les ombres du crépuscule. Si préoccupé que fût le botaniste par la recherche de l'hémérocalle fauve, il s'arrêta longtemps à contempler un si magnifique spectacle, et Jeannette dut répéter plusieurs fois qu'il fallait se remettre en route avant qu'Ambroise se décidât à s'éloigner.

Aussi faisait-il nuit quand le botaniste et l'enfant arrivèrent à l'unique auberge qui se trouve à Wildenstein. Jeannette, nièce du maître du logis, sauta au cou de son oncle, embrassa trois ou quatre marmots à peine vêtus qui s'ébattaient dans la poussière devant la porte, se débarrassa du chapeau de paille qui contenait tout son bagage et se mit à mordre à belles dents en plein d'un gros morceau de pain bis. Elle ne se ressentait point de la rude journée de marche qui permettait à peine au botaniste de faire à la hâte un souper frugal, tant il lui tardait de se jeter sur un lit plus propre que mollet. Il y dormit cependant cinq bonnes heures, sans entendre les mugissements des vaches, les bêlements des chèvres, le chant des coqs et cent autres bruits dont le moindre, à Paris, ne lui eût point permis de fermer l'œil.

Néanmoins, avant que le soleil eût illuminé ses

fenêtres, il se trouva debout, sa boîte à herborisation en sautoir et son bâton ferré à la main.

La grande vallée de Saint-Amarin doit sa formation au glissement d'un glacier qui, prenant peu à peu plus d'étendue, s'est élargi jusqu'aux dernières ondulations de la chaîne, en épargnant toutefois trois îlots, ou *témoins*. Ce sont d'immenses pics en serpentine, isolés et presque inaccessibles ; Wildenstein s'élève sur un de ces îlots, d'où l'on contemple une des plus belles vues de l'Europe, formée par les amphithéâtres des monts Rossberg et Drumont, et par le Ballon de Soultz.

Wildenstein, jadis repaire féodal, ne garde plus du château qui fut pendant plusieurs siècles l'effroi de la contrée que des pans de murs éboulés, que des remparts et des tours en ruine, que des puits comblés de pierres et de déblais de toute nature : « vains restes de ce qui n'est plus », comme dit Bossuet.

Partout où s'anéantit l'œuvre de l'homme, l'œuvre de la nature s'épanouit, féconde et luxuriante. Une végétation vigoureuse verdoyait donc, à travers les démolitions et les gravois. D'un coup d'œil, Ambroise vit partout l'orpin à grappes (*sedum dazypillum*), le saxifrage rare (*saxifraga aizoon*), la grande boucage (*pimpinella magna*), la scabieuse brillante (*scabiosa lucida*), le *libanotis* des montagnes, la rose à fleur rouge (*rosa rubra*), le trèfle d'or (*trifolium aureum*), et bien d'autres ! Mais il ne se baissa même pas pour récolter une seule tige de tout cela : ce qu'il cherchait, ce qu'il voulait, c'était l'hémérocalle fauve !

Tout à coup il jeta un cri ! Jeannette, assise sur

un chapiteau ébréché, se tressait une couronne avec la précieuse hémérocalle et choisissait les fleurs dans un tas de plantes semblables qu'elle avait butinées en quelques instants.

— Qu'as-tu fait, malheureuse petite créature? s'écria le savant non sans quelque violence. Tu as cueilli et tu gaspilles le trésor que je cherche depuis si longtemps !

— Ma fine! lui répliqua-t-elle en riant, vous n'en manquerez point : il y en a encore là, derrière moi, des tas au pied du mur ; tenez, regardez ! »

Elle disait vrai. Huit ou dix exemplaires d'hémérocalle fauve dressaient leurs tiges à une centaine de pas de là.

Le botaniste retrouva les jambes de sa jeunesse pour courir à l'endroit que lui indiquait l'enfant. Il tomba à deux genoux devant les fleurs, moitié par un sentiment d'enthousiasme, moitié pour admirer de plus près la plante qu'il cherchait depuis si longtemps. Elle était là, telle qu'il l'avait rêvée, grande, pure, dans tout son éclat, sans un pétiole flétri, sans une feuille rongée par les insectes ! Elle était là, en fleurs épanouies, en boutons encore clos, en graines; vieille, adolescente, dans toutes ses phases, dans toutes ses transformations, dans tous ses âges et avec toutes ses variétés ! Tantôt elle portait haut et fièrement au sommet de sa hampe quatorze clochettes sanguinolentes, largement ouvertes; tantôt cette hampe se penchait comme pour confier plus sûrement à la terre les semences qui allaient tomber des clochettes tuméfiées par la maturité.

— La voilà ! dit-il enfin quand l'émotion lui permit de parler. C'est bien elle ! elle que Tournefort a décrite sous le nom de *Lilium asphodelus*, et que Linné a nommée *Hemerocallis* (beauté du jour). Ne brille-t-elle pas, en effet, de toute sa splendeur, quand le soleil règne à l'horizon ? Ne voile-t-elle pas ses charmes à la nuit ? O ma belle fleur ! ma chère fleur ! je compterai cette journée parmi les plus heureuses de ma vie !

En achevant ces mots, il détacha délicatement du sol les plus beaux plants d'hémérocalle, avec leurs fleurs, avec leurs feuilles, avec leurs racines, et il plaça délicatement cette conquête dans sa boîte à herborisation.

Après quoi il écrivit sur une des pages de son calepin la note suivante, qu'il se dictait à lui-même, en la formulant à haute voix :

« Périanthe infundibuliforme, à divisions réflé-
« chies au sommet, soudées par l'onglet, formant
« un étui pour les aiguilles dorées des étamines ;
« ovaire supère, arrondi, terminé par un stigmate
« trilobé : capsule trilobulaire, contenant plusieurs
« graines arrondies. »

Jeannette l'écoutait en riant.

— Si c'est là tout ce que vous avez à dire sur la fleur que vous êtes venu cueillir de si loin, dit-elle, je préfère l'histoire que ma grand'mère raconte à son endroit.

— Quelle est donc cette histoire ? demanda Ambroise en chargeant sa boîte de fer-blanc sur ses épaules. Dis-moi cela, chemin faisant, car nous allons nous diriger vers Wesserling, où m'attendent mes amis. Je trouverai peut-être, chemin faisant, l'Anémone sylvestre ; hélas ! c'est encore un de mes plus chers *desiderata*.

—Ah ! c'est une belle histoire, allez ! reprit l'enfant.

« Je ne vous la raconterai pas comme la raconte ma grand'mère, mais elle sera encore belle, malgré cela.

— Va donc ! répliqua le botaniste, qui inspectait du regard les ravins de la route, et qui s'arrêta d'abord pour ramasser un *thlaspi alpestre*, sorte de cresson, frère de la *bourse à pasteur*, puis un peu plus loin une *circœa intermedia* (herbe aux magiciennes).

—Figurez-vous qu'il y a des ans et des ans, un baron de Wildenstein s'en alla guerroyer avec son père dans les pays lointains de la Bohême. Quand il partit, sa moustache commençait à peine à faire une petite ombre sur sa lèvre ; quand il revint, bien longtemps après, une longue barbe, déjà grise par place, retombait à travers son casque jusque sur sa cuirasse d'acier doré. Il ne ramenait point son père : son père était mort au fond de la Bohême ; mais il était accompagné d'une jeune dame qu'il avait épousée, et dont les grands yeux de feu et le teint quasiment noir donnèrent bien à penser aux paysans du village, quand ils la virent entrer dans le château, sur un cheval fougueux qu'elle maniait mieux que le plus habile écuyer n'eût peut-être su le faire.

« Durant la longue absence du baron, le chevalier de Wesserling, son oncle, s'était emparé du manoir de Wildenstein et l'exploitait comme son propre bien. Il aurait même bien voulu ne pas le restituer à son neveu. Mais ce dernier revenait en compagnie de bon nombre d'archers et de gens d'armes ; le chevalier fila doux, rendit ses comptes tant bien que mal, et retourna habiter son petit château de Wesserling, que, soit dit en passant, nous verrons tout à l'heure sur notre chemin. Quand je dis que nous le verrons, c'est une manière de parler : nous ne verrons que les filatures de laine et de coton que MM. Sanson-Davillier et Gros ont bâties sur le terrain où s'élevait le manoir.

« A tort ou à raison, le bruit se répandit peu à peu que la *dame noire*, comme on appelait la châtelaine, se mêlait de sorcellerie. Ce qui faisait penser cela, c'est qu'en moins d'un an le château de Wildenstein, qui tombait en ruine, se releva tout neuf et mieux fortifié que jamais. Les uns voulurent y voir l'œuvre du diable, les autres les monceaux d'or et d'argent que le baron avait reçus en dot de sa femme et rapportés du pays de cette princesse, car elle était fille de roi.

« La dame noire, que le bon Dieu laissait sans enfants, passait ses journées à cultiver des fleurs provenant de son pays. Elle en possédait une grande quantité de graines, qu'elle semait et qu'elle arrosait de ses mains. Elles lui servaient, les unes à guérir les vassaux malades, les autres à rappeler à son souvenir le royaume lointain où ces fleurs étaient nées. Elle aimait par-dessus tout la plante que vous venez de cueillir, que nous nommons, vous le savez, *l'herbe de la dame noire*, et qui alors était bleue, au lieu de rouge, comme vous la voyez présentement.

« Or il advint que, cinq années après son retour, le baron de Wildenstein mourut d'un mal subit. Son oncle, si vieux qu'il fût, voulut devenir héritier du château, et accusa la dame noire d'avoir empoisonné son mari à l'aide des plantes rapportées par elle de la Bohême. Vous le voyez, l'amour que la pauvre créature professait pour les fleurs lui tourna à mal. On l'enferma dans une tour, où elle vécut des années, seule, et sans autre société qu'un pied des fleurs bleues qu'elle aimait tant. Elle le cultivait avec un soin extrême, sur la terrasse de sa prison. Soit en l'arrosant, soit en remuant la terre autour de ses racines, elle disait presque toujours, dans une langue que personne ne comprenait, une chanson dont l'air était néanmoins si attendrissant, que nul ne pouvait l'ouïr sans pleurer.

« Un jour, on n'entendit plus cette musique, ni vers le matin, ni vers le midi, ni vers le soir. Le lendemain, il en fut de même et toujours !

« Les uns prétendirent que la dame noire, en sa qualité de sorcière, s'était envolée sur les ailes d'un démon, pour retourner dans son pays ; les autres se crurent mieux informés, en disant tout bas que le chevalier de Wesserling avait poignardé sa nièce.

« Quoi qu'il en soit, la fleur de la dame noire continua à fleurir sur la terrasse de la tour, et du haut des créneaux laissa tomber ses graines dans la campagne.

« Vous pouvez juger de l'effroi des paysans quand ils virent que ces graines, au lieu de donner des fleurs bleues, n'en produisaient plus que de couleur de sang !

« On vit là une preuve du crime du vieux châte-
lain, et un miracle du ciel qui proclamait le meurtre
et l'innocence de la baronne trépassée ; c'est pour
la même raison, dit-on encore, que la plante de la
dame noire ne se trouve qu'en notre pays. »

Pendant que la jeune fille racontait cette histoire,
le botaniste ne l'écoutait guère. Il furetait partout,
interrogeant la flore de Wildenstein.

— Ohé, monsieur ! cria tout à coup Jeannette en
interrompant son récit ; regardez donc de ce côté.
Voici un véritable champ des fleurs que vous cher-
chez ; il y a de quoi nourrir une chèvre pendant un
mois.

En effet, M. Raparlier se trouva en face d'une
centaine de touffes d'hémérocalles fauves. Il ne put
réprimer un juron.

— Sacrebleu ! c'était bien la peine de me donner
tant de mal pour une plante qui foisonne dans cette
contrée d'une façon si déplorable ! s'écria-t-il.
Dans un an, tous les herbiers du monde en regor-
geront.

Et il se remit en marche, les sourcils froncés, la
mine renfrognée. Il était d'une humeur détestable
quand, après avoir traversé Kruth et Odoren, il
entra dans Wesserling, bourgade sur les confins
de laquelle l'attendaient quelques amis.

— Eh bien, lui crièrent-ils de loin, avez-vous
enfin trouvé la fameuse hémérocalle fauve ?

— Pardieu ! répliqua-t-il avec passablement de
dédain. A Wildenstein, il y en avait un champ assez
grand pour nourrir une chèvre pendant un mois,
comme l'a fait observer judicieusement Jeannette.

— Vous êtes content, alors? Le but de votre voyage est heureusement atteint?

— Je trouve votre plaisanterie excellente! interrompit-il brusquement et tout à fait en colère. Que m'importe l'hémérocalle, dont il pousse à Wildenstein des milliers de pieds? Ce qui me désole, c'est de n'avoir pu trouver qu'en graine l'*anémone sylvestris!* Il me faudra revenir l'année prochaine dans ce pays pour la récolter en fleurs.

Il avait passé vingt années de sa vie à rêver la possession d'une hémérocalle fauve, cueillie de sa main; il la possédait depuis deux heures, et il faisait pis que de ne plus y songer, il la dédaignait!

Ne rions pas trop haut de ce brave botaniste. Son histoire est l'histoire de tous les désirs humains!

Ce qui faisait dire, non sans quelque raison, à Montaigne, « que le bonheur consiste dans ce qu'on n'a pas ou dans ce qu'on n'a plus ».

CHAPITRE III

Maintenant que vous avez fait connaissance avec le docteur Ambroise Raparlier, accompagnez-le avec moi chez M. Bogaerts.

Arrivé devant la porte, il avançait déjà la main pour tirer le bouton de la sonnette, il s'arrêta surpris et, comme le dit Rabelais, *esbahis et perplex*. Un rire argentin remplissait cette maison naguère si morne, la petite chienne aboyait gaiement et dame Tréa courait. Il se crut le jouet d'un rêve.

Tout à coup, Mlle Mine s'arrêta, se tut une seconde, et d'un bond s'élança contre la porte qu'elle se mit à gratter avec impatience. L'intelligent animal avait compris, avec le flair merveilleux du chien, que son ami M. Raparlier était là.

Celui-ci sonna. Après un court délai, Tréa haletante vint ouvrir et le botaniste se trouva face à face avec la vieille gouvernante, avec Mine, qui sautait joyeusement aux jambes de l'ami qui revenait, enfin, avec une adorable petite fille vêtue de noir et dont les cheveux blonds flottaient un peu en désordre sur les épaules. Profitant de la surprise de Tréa, à la vue du visiteur, elle lui arracha d'un bond un gros gâteau que tenait à la main la Flamande, se sauva à toutes jambes et, triomphante, criant de sa voix de cristal : « Je l'ai ! je l'ai attrapée, maman ! » elle s'enfuit suivie de Mine qui sollicitait, en sautillant, sa part du butin.

Tréa attacha ses gros yeux vérons sur le visage étonné du docteur.

— Ah ! dit-elle, il y a du nouveau ici, n'est-ce pas, monsieur ? Oh ! cette petite drôlesse fait de notre maison, naguère si triste, un véritable paradis.

— Qu'est-ce que tout cela veut dire ? quelle est cette enfant ?

— C'est ma fille, mon ange adoré, mon petit démon à moi et à monsieur. N'avez-vous pas entendu qu'elle me nomme sa maman ? et c'est vrai que je suis sa mère ; et qu'elle m'aime et que je l'aime ! Et monsieur donc ! Ah ! pour lui, il se mettrait volontiers à genoux devant cette marmotte pour la regarder à son aise, ma chère petite Odile ! Et son frère, donc, Norbert ! Oh ! celui-là, il y a des moments où il est aussi sérieux que monsieur et que vous-même en ce moment. Il n'a que dix ans, et il est toujours le premier à son collège où je le mène chaque matin, ce qui ne l'empêche pas, au retour, de jouer, de rire et de s'amuser avec sa sœur, avec Mine, avec moi-même, avec monsieur qui s'en mêle souvent. Et puis un cœur ! un courage ! L'autre jour, n'y a-t-il pas eu un polisson qui m'a jeté des boules de neige ! Norbert n'a fait qu'un bond, il a jeté à terre, d'un coup de poing, le mauvais gamin, et il ne l'a lâché qu'après l'avoir obligé à me demander pardon.

Tandis qu'elle parlait ainsi, en s'essuyant parfois le front encore ruisselant de sueur, résultat de la course forcée qu'elle avait faite pour sauver son gâteau des petites mains d'Odile, M. Bogaerts, attiré par le bruit de la conversation qui se faisait dans son vestibule, car dame Tréa avait le verbe haut, survint et tendit les deux mains à M. Raparlier.

— Enfin, vous voilà donc de retour, enfant prodigue. Tréa va, j'en suis sûr, pour célébrer votre retour, non pas tuer le veau gras, ce qui serait peu commode pour elle, et un peu trop copieux pour nous, mais faire une de ces excellentes tartes si merveilleuses, qui sont si fort de votre goût. Allons, et venez maintenant vous asseoir dans mon cabinet où vous me raconterez quelles toisons d'or vous rapportez de vos voyages.

M. Raparlier, en entrant dans ce *sanctum sanctorum*, trouva, assise dans le fauteuil du maître de logis, Odile qui, d'une main portait à ses lèvres le gâteau conquis, et de l'autre feuilletait un des plus rares et des plus précieux volumes de la bibliothèque de son savant ami. Mine, assise devant la petite fille, sollicitait et obtenait par bribes sa part du gâteau.

— Quoi, vous donnez à gaspiller à cette enfant, votre belle édition de *Récamier?*

— Pardieu, je ne lui ai pas donnée, elle l'a bien prise, répondit en souriant M. Bogaerts. Oh! prends-en soin, mon enfant, ajouta-t-il avec bonté. Ne fais pas de taches à mon livre.

— Ah ! papa, répliqua-t-elle d'un petit air précieux, tu sais combien je prends de précautions. Eh puis cela pourrait te faire du chagrin ; tu sais que je ne voudrais pas t'en faire pour tout au monde.

Et, laissant le livre sans toutefois laisser le gâteau, elle sauta sur les genoux du vieillard et l'embrassa à diverses reprises, non sans laisser dans ses favoris des miettes de la pâtisserie.

— Mon ami, dit M. Raparlier, vous allez m'expliquer tout ce que cela veut dire.

— Volontiers, mais confidence pour confidence, commencez donc par me raconter d'où vous venez et quelles nouvelles plantes vous rapportez de vos voyages. Y en a-t-il des exemplaires pour mon herbier ?

M. Raparlier sortit, d'un grand portefeuille qu'il tenait sous le bras, deux magnifiques exemplaires de l'hémérocalle fauve, non sans jouir de la surprise de son ami.

Celui-ci ne pouvait détourner ses regards de la plante rare ; il en étudiait les caractères botaniques et il en admirait la parfaite conservation. Il éprouvait une joie d'enfant à devenir possesseur de ces beaux exemplaires et de les devoir à son ami le docteur ès science Raparlier. Enfin il les disposa dans un des volumes in-folio de son herbier, les classa dans la famille à laquelle ils appartenaient et écrivit au-dessous : *ex dono Raparlier*, avec la date du jour et le millésime de l'année.

— Et maintenant, fit-il, contez-moi votre voyage, mon ami.

— Non! Commencez par m'expliquer comment se trouvent ici un enfant et même deux, ainsi que me l'a dit Tréa, et comment ladite Tréa, que j'ai quittée toujours geignant, toujours grognant, sans cesse renfrognée, est maintenant gaie, rieuse, épanouie, et joue à courir avec une petite fille qui l'appelle sa mère?

— Rien de plus facile. Ce sont les enfants d'un brave soldat tué pendant la guerre et restés orphelins et sans personne au monde pour leur donner asile. Leur père, Nicolas Watremez.....

La porte s'ouvrit et Odile, son chapeau sur la tête, un cerceau à la main, suivie de son inséparable Mlle Mine, entra en disant :

— Il est deux heures, papa; il fait beau et maman Tréa m'a dit de te dire qu'il fallait sortir de suite, parce que les soirées étaient fraîches, et que nous pourrions au retour nous enrhumer, et Mine mouiller ses pattes ce qui, tu le sais, la fait tousser.

— Tu vois bien, mon adorée, que j'ai la visite d'un ami et que je ne puis sortir.

— Oui, Tréa m'a expliqué que M. Raparlier est ton meilleur ami. Mais je t'assure qu'il ne sera point fâché de venir se promener avec nous. N'est-ce pas, monsieur mon ami? car, si vous êtes l'ami de papa, vous êtes aussi le mien.

Et elle se glissa entre les jambes de M. Raparlier; elle se hissa sur ses genoux pour l'embrasser et elle le fit si bien et avec une si adorable séduction que l'excellent homme ne put résister.

— Allons promener, mademoiselle Odile et mademoiselle Mine, dit-il. Je comprends que la petite sorcière t'ait ensorcelée, toi qui la vois tous les jours, car me voilà aussi pris que toi. Ah! les femmes, les femmes! à tout âge, elles mènent et mèneront les hommes par le nez.

Il mit son chapeau, Odile prit d'une main M. Bogaerts et de l'autre M. Raparlier, Mlle Mine détala devant eux et tous les quatre partirent pour la promenade.

CHAPITRE IV

HISTOIRE D'UN ORME

Tandis que le docteur Raparlier et M. Bogaerts traversaient les Champs-Élysées, et que, sur les instances d'Odile, ils avaient fini par s'arrêter devant un théâtre de Guignol, le célèbre botaniste s'arrêta devant un orme maladif, presque sans feuilles et dont les rameaux étaient couverts de ces végétations de cryptogames qui annoncent à la fois la maladie, la vieillesse et la mort prochaine d'un arbre.

« C'est un vieil ami, dit-il, en le frappant doucement de sa canne. Le pauvret, comme tous ses congénères soumis au même sort, dut arriver mourant à destination. Puis, on fit, tant bien que mal un trou dans un sol à la fois argileux et foisonnant de pierres ; on l'y planta tel quel, on l'abandonna à la grâce de Dieu et il ne tardera pas à disparaître et à être scié en bûches pour chauffer peut-être votre cabinet ou le mien. C'est bien lui ! Je l'ai connu dans ma jeunesse le plus bel arbre de son allée ; seul, il l'ombrageait presque tout entière.

« Provenant des pépinières de Trianon, il fut, en 1759, déplanté de la terre natale et transplanté à la place qu'il occupe aujourd'hui. Il pouvait compter alors une dizaine d'années et ses formes grêles ressemblaient sans doute à un échalas. Ses racines étaient déchaussées, mutilées et dépouillées, son tronc cahoté sur une mauvaise charrette, son écorce meurtrie.

« Ce fut sous la direction du célèbre botaniste Thouin que s'accomplit cette plantation, dont les procédés nous semblent aujourd'hui grossiers, et qu'on admira cependant sincèrement à l'époque où on les mit en œuvre.

« Dans de si fâcheuses conditions, l'orme, sans doute, languit longtemps, sans, du reste, qu'on s'en inquiétât beaucoup. Les premières années, il ne porta qu'une feuillée jaune, chétive, tardive, sans durée. A la longue, néanmoins, la force de la jeunesse aidant, il finit par prendre le dessus. Il enfonça, au plus profond du terrain, une partie de ses racines, tandis qu'il en allongeait, à la superficie, d'autres horizontales, noueuses, rameuses, organisées comme des tiges et douées d'une propriété merveilleuse de succion. On le vit donc grandir, grossir, verdir et prendre des proportions à la fois élégantes et robustes.

« Par malheur, quand survint cette crise salutaire, les événements politiques avaient subi de grands revirements : la royauté s'ébranlait, on en était déjà à M. le marquis de Lafayette. Un gamin, qui préférait de beaucoup les ovations patriotiques aux travaux de son atelier, arracha les plus belles branches de l'orme convalescent pour les jeter sous les pieds du cheval blanc du héros des deux mondes.

« Ce pauvre arbre, meurtri, brisé, couvert de plaies béantes qui laissaient écouler sa sève, faillit donc, une seconde fois, succomber. Mais de bons temps survinrent bientôt pour lui. Pendant toute la Révolution, et même pendant le Consulat et les premières années de l'Empire, il vécut, paisible, dans une solitude et un oubli profonds, sans qu'on songeât même à émonder ses branches plantureuses, qui poussaient à leur gré, de çà, de là, en haut, en bas, de travers, de côté. Elles finirent par former une voûte épaisse et inextricable de verdure sous laquelle nichaient des bandes de moineaux, de pinsons et de ramiers. Il fleurit même. Un savant, qui sans doute n'avait pas autre chose à faire, s'amusa à compter ses graines et en trouva trois cent vingt-neuf mille. Avouons cependant que pas une seule de ces graines ne poussa, et qu'elles servirent toutes de pâture aux oiseaux qui habitaient la ramée.

« Nul ne passait près de notre orme, si ce n'est le savant dont nous parlons, et, quelquefois, les hôtes sinistres de l'allée des Veuves et des bouges infâmes qui environnaient ces quartiers réprouvés. Un jour même, on trouva, étendu au pied de l'arbre, un vieillard baigné dans son sang, criblé de coups de poignard et dépouillé de sa montre et de sa bourse : c'était notre infortuné botaniste. Mais personne n'y prit garde et ne songea à connaître et à livrer ses assassins à la justice. Alors de pareils

crimes se commettaient fréquemment et impunément dans ce coin de Paris où florissent aujour-
d'hui le Moulin-Rouge, le jardin Mabille, d'innombrables restaurants, et je ne sais combien de milliers de becs de gaz. La gaieté d'un certain monde
a choisi et adopté, pour s'y épanouir, des lieux si
longtemps hantés par le vice, par le crime, par les
ténèbres, et devenus, à l'heure qu'il est, les plus
bruyants et les plus illuminés de la capitale.

« En 1814 et en 1815, l'orme vit camper sous
ses rameaux les hordes des Cosaques. Elles y sus-
pendirent les produits de leurs pillages ; leurs chevaux, aussi sauvages qu'elles, broutèrent son écorce;
enfin les hideux enfants du Don allumèrent contre
son tronc les feux de leurs bivouacs, qui le brû-
lèrent d'une façon outrageuse et le stigmatisèrent
de cicatrices ineffaçables.

« Pendant la Restauration, l'orme se refit un peu.
La Restauration avait à songer à autre chose qu'à
s'occuper des arbres des Champs-Élysées. Elle ordonna bien que des réverbères y fussent accrochés
de distance en distance ; mais ces réverbères ne
servaient, suivant l'expression de Dante, qu'à rendre
les ténèbres visibles.

« La Révolution de juillet arriva, et ce fut à jamais fini du repos et de la santé de notre orme !

« Le nouveau roi voulut embellir Paris et commença par les quais et les Champs-Élysées. Aux
premiers, il donna des arbres ; aux seconds, l'éclai-
rage au gaz !

« Le gaz ! Il lui faut des canaux souterrains et des
conduits en fonte qui vont chercher les racines sous

le sol, les mutilent, les écrasent, les broient, les
déchirent et les empêchent de s'étendre ! Il a des
fuites qui les infectent d'hydrogène carboné et les
empoisonnent littéralement ! Il a des clartés qui rendent impossibles au pauvre arbre le repos et le dormir. Ces clartés fatales infectent le feuillage, l'enfument, le grillent et le privent du sommeil nocturne
dont les végétaux ont tout autant besoin que les êtres
du règne animal ; enfin, elles pervertissent l'éco-
nomie de ses fonctions naturelles et l'asphyxient en
l'empêchant d'aspirer et d'expirer l'acide carbonique
et l'oxygène !

« Vinrent après cela les trottoirs d'asphalte, qui ne
permirent plus à la pluie de pénétrer la terre et de
s'en évaporer ; ils empoisonnaient l'atmosphère de
leurs vapeurs et de leur fumée ! Comment, dans ces
funestes conditions, un orme pouvait-il conserver
sa constitution robuste ? résister aux brusques changements de la température ? supporter tour à tour,
dans une même journée, le froid et le chaud ? subir
les fureurs des vents qui brisaient ses rameaux,
qui creusaient sur les plaies béantes qu'elles faisaient
des crevasses et des gouttières d'où s'écoulaient
avec la pluie la sève extravasée ?

« Notez bien que je n'ai pas encore parlé des
illuminations, le plus redoutable peut-être de tous
les fléaux ! Malheur aux racines que les poteaux
nécessités par ces illuminations vont chercher
dans la terre ! Malheur aux feuilles et aux branches qu'enfument et grillent, pendant une soirée
tout entière, des lampions aux exhalaisons fé-
tides ! Une suie gluante les recouvre d'une couche

corrosive, sur laquelle s'accumule, en outre, la poussière formidable soulevée par les piétinements de la foule.

« Aussi notre orme et bien de ses compagnons commençaient-ils à dépérir en 1848. Leur feuillée flétrie tombait avant le temps et jonchait les allées de débris sans forme et sans nom. Les passants, même les plus indifférents, remarquaient leur langueur, leur aspect piteux et leur écorce sèche, rude, craquelée, soulevée de toutes parts.

« Un soir de printemps, un petit coléoptère s'abattit sur mon orme, et se glissa insidieusement entre les sinuosités de son écorce. Long tout au plus de deux lignes et demie, les élytres et les pattes d'un roux marron, la tête couverte d'une sorte de perruque en duvet jaunâtre, le front orné de deux longues antennes, le corps noir, ciselé de petits points, il se mit à fureter de çà et de là, jusqu'à ce qu'il eût rencontré un endroit propre à ses perfides desseins. Il s'arrêta sur une place de l'écorce qui formait une sorte de vallée microscopique, protégée de tous les côtés, en façons de collines, par de hautes rugosités. Au milieu de la vallée, se trouvait une matière molle, humide, qu'avaient à demi décomposée le temps, les intempéries, les misères et les souffrannces de l'arbre.

« Dans cette matière, l'insecte que les entomologistes nomment *scolyte destructeur* ne tarda point, en s'aidant de ses pattes et de ses mandibules, à s'ouvrir l'entrée d'une gerçure, formée naturellement dans l'écorce soulevée. Une fois qu'il eut pénétré entre cette écorce et l'aubier, il se mit à

creuser de bas en haut une galerie parallèle aux
fibres corticales. Il ne travaillait pas droit devant
lui, mais il se livrait à des courbes et à des lignes
serpentines, capricieuses en apparence, quoique
réellement elles eussent pour motifs d'insurmon-
tables obstacles opposés par la dureté de certaines
parties du bois. Ce scolyte était une femelle. Quand
elle eut assez sillonné et perforé, elle pondit ses
œufs, les recouvrit de la poussière végétale qu'a-
vaient produite ses dégâts, reprit le chemin par lequel elle était entrée, s'arrêta à l'ouverture, la ferma
hermétiquement à l'aide de son corps, et mourut,
en assurant par ce dernier acte de tendresse la conservation de ses œufs.

« Il naquit de la ponte du scolyte une centaine de
larves armées de robustes mandibules, qui, à peine
écloses, commencèrent à commettre d'affreux dégâts, à dépecer le bois et à y creuser des sillons
dans tous les sens. Quand elles furent rassasiées de
destruction, elles se métamorphosèrent en chry-
salides et devinrent, quinze jours après, des scolytes complets qui s'envolèrent, se marièrent, et
revinrent pondre à leur tour.

« Cette race de fouisseurs se multiplia d'une
façon si rapide et si effrayante, qu'un an après il
ne restait pas, dans tous les Champs-Élysées, un
seul arbre complètement intact.

« Jamais une invasion n'a lieu sans amener à sa
suite une populace d'ennemis et de parasites. Une
fois les scolytes maîtres des arbres des Champs-
Élysées, il accourut de toutes parts des ichneumons,
qui se glissaient sous les écorces pour y déposer

des œufs destinés à produire des larves avides de scolytes ; puis survinrent les mille-pieds, les cloportes, les fourmis, les forficules, tous contribuant, chacun selon ses forces et ses habitudes, à l'œuvre générale de destruction. Aussi vit-on l'écorce de l'orme, naguère si beau, se soulever, se décoller, tomber par larges plaques, et laisser nus et sans défense les humides et délicats tissus de l'aubier.

« M. le comte de Rambuteau se sentit ému de compassion pour tant de beaux arbres menacés de mort. Il leur chercha un médecin, et il finit par en trouver un. C'était, soit dit en passant, un véritable docteur ès sciences en médecine.

« Sous la direction de ce médecin, on attaqua sans pitié les écorces qui servaient de repaire aux scolytes ; on détruisit des milliards de ces insectes ; on goudronna les écorchures ; on pratiqua au pied des arbres des tranchées, disposées en rayons, profondes de cinquante centimètres, remplies de pierrailles, et destinées à laisser arriver jusqu'aux racines l'eau et l'air ; on adossa verticalement aux racines de l'arbre des tuyaux de drainage, dont un tuileau recouvrait l'ouverture ; on rabota ou on enleva les écorces tout à fait malades ; enfin on emmaillota littéralement les arbres décortiqués. Encore aujourd'hui, vous pouvez les voir, semblables à des malades dans leur capote d'hôpital ! Par-dessus le marché vous sourirez à la vue du haut de leur tronc, entouré d'une sorte d'entonnoir en fer-blanc qui ressemble à la fois à un pot à tisane et à l'instrument que Molière n'a pas hésité à placer entre les mains de ses matassins.

« Parmi les plus mélancoliques, les plus malades, les plus entortillés de compresses et les plus cerclés de gouttières, se trouve l'orme dont je me fais l'historiographe. Échappera-t-il à la mort? Reprendra-t-il sa vigueur et sa verdure d'autrefois! Dieu seul le sait, et l'avenir nous l'apprendra. Comme tous les romans réels, — c'est Balzac qui l'a dit, — son histoire manque de dénoûment.

« Toutefois elle me rappelle une légende de mon cher et doux pays natal :

« Il y avait, sur le haut d'un rocher, un château inexpugnable qu'habitait un baron qui désolait tout le pays, à dix lieues à la ronde, par ses exactions, ses pillages et ses meurtres.

« Une nuit, ce baron rêva que son heure suprême avait sonné et qu'il se trouvait en face de Dieu, à ce moment fatal où, comme le dit l'Église dans son terrible chant du *Dies iræ*, le juste se sent à peine rassuré : *cum vix jusus sit securus.*

« L'ange Raphaël tenait une balance d'or ; Satan accumulait dans le plateau de gauche tous les péchés mortels du baron représentés par les démons qui les avaient inspirés. On en comptait sept qui tournoyaient en se tenant par la main autour d'un groupe de dix autres ; enfin six se cramponnaien à l'extrémité du fléau et s'efforçaient de le faire baisser de leur côté.

« Les premiers disaient :

« Orgueilleux ! avare ! luxurieux ! envieux ! glou-« ton ! colère ! lâche ! »

Les seconds hurlaient :

« Impie ! blasphémateur ! brûleur d'églises ! mau-

« vais fils ! homicide ! menteur ! luxurieux ! adul-
« tère ! »

« Les troisièmes glapissaient avec un rire triom-
phant :

« Les dimanches il se battait et pillait ! Jamais il
« n'a mis le pied dans une église ! Jamais il ne s'est
« approché du tribunal de la pénitence ! Il a pro-
« fané les vases sacrés ! Au lieu de jeûner, il se
« gorgeait de viandes, même le vendredi saint ! »

« Sur le plateau de droite, on ne voyait qu'un
tout petit ange. Seul, il contre-balançait le poids de
la gigantesque et hideuse horde de l'Esprit du mal.

« Qui donc es-tu, doux protecteur qui me sauves
« de l'éternité de l'enfer? demanda le baron. Avant
« que je descende au purgatoire, dis-moi ton nom.
« Car, hélas! dans ma triste et coupable vie, je ne me
« rappelle point avoir fait une seule bonne action.

« — La veille de ta mort, répondit l'ange, tu as
« trouvé au milieu de ton jardin une plante à demi
« desséchée par l'ardeur du soleil. Elle gisait flétrie
« à terre; tu l'as relevée de tes mains; tu l'as étayée
« à l'aide d'une baguette que tu as taillée avec ton
« poignard; enfin, pour l'arroser, tu as puisé dans
« ton casque de l'eau à la fontaine voisine. Voilà
« ce qui te sauve de la damnation ! »

« La légende ajoute que le baron s'éveilla en
sursaut, et que, attendri et touché de l'immensité
de la miséricorde divine, il se convertit, distribua
son bien aux pauvres, fit de son château un couvent, prit le froc et mourut en odeur de sainteté.

« Il doit se tenir dans le paradis à côté de saint
Fiacre, patron des jardiniers. »

Comme M. Raparlier achevait de parler, le rideau du théâtre de Guignol s'abaissait, la foule des petits spectateurs s'éparpillait dans la promenade, et Odile revint retrouver ses amis, rapportant dans ses bras Mlle Mine, qu'elle avait fait consciencieusement assister, en la tenant sur ses genoux, à la représentation du fantoche lyonnais.

CHAPITRE V

L'AIEUL DE M. RAPARLIER

Cependant le ciel, jusque-là pur et tranquille, commença peu à peu à se couvrir de nuages ; le vent qui survint tout à coup siffla à travers les rameaux des arbres ; une nuée de feuilles détachées de l'orme dont M. Raparlier venait de conter l'histoire, tomba en tourbillons et s'amassa sur le sol d'où elle se relevait parfois brusquement sous un nouveau souffle de la tempête.

— Il est prudent, je le crois, de regagner le logis, fit observer M. Bogaerts. Voici des symptômes de pluie.

Et sur cet avis prudent, nos amis se remirent en route pour le logis.

Quand la sonnette eut appelé Tréa, la vieille femme vint ouvrir, les bras tout enfarinés.

— Monsieur, dit-elle à son maître avec sa liberté habituelle de langage, vous ferez bien de ne pas entrer dans votre cabinet et de vous installer dans le salon. Norbert est revenu tout effaré du collège.

Il m'a conté, chemin faisant, qu'il avait un long et difficile devoir à faire, et on doit bien à ce brave enfant de ne pas le déranger de son travail.

— Vous avez eu une bonne pensée, Tréa.

— Comme toujours, ajouta en souriant M. Raparlier, il faut obéir à Tréa, c'est l'habitude.

Tréa repartit d'un ton sec :

— En effet, monsieur le docteur, je suis ridicule d'empêcher qu'on trouble Norbert dans son travail! ridicule en effet!

— Non pas, ma vieille amie, et la preuve encore, c'est que nous allons nous installer au salon, comme vous le demandez.

— Avec tout cela, grogna-t-elle, vous me retenez ici quand je devrais être dans ma cuisine à faire ma tourte. Tant pis pour vous! car ce sera votre faute si elle n'est point réussie.

— Elle le sera, Tréa! elle le sera, je le parie, à coup sûr; car jamais vous n'avez pas réussi un de ces bons plats qui me font venir l'eau à la bouche, rien que d'y penser.

Tréa rentra brusquement dans sa cuisine en faisant claquer la porte, peut-être un peu plus qu'il n'eût convenu.

— Vous avez fâché ma petite maman, dit Odile avec un peu d'humeur, elle n'a même pas songé à m'embrasser.

— Bon, me voilà en querelle avec tout le monde! et toi Odile, aussi?

Sans comprendre cette allusion aux dernières paroles de César, elle ôta son chapeau et se mit à jouer tapageusement avec la petite chienne.

M. Raparlier prit le parti de se promener dans le salon et d'examiner les gravures, qui se détachaient, dans leurs cadres dorés, sur les murs.

C'étaient, pour la plupart, des portraits de botanistes célèbres, de Réaumur, de Linné, de Jussieu et Jean-Baptiste Raparlier.

— Mon excellent grand-père ! dit-il, en se tournant vers M. Bogaerts, qui avait allumé sa pipe et qui fumait silencieusement, enfoncé dans un de ces fauteuils moelleux et profond, que nos ancêtres appelaient des *bergères*. Il n'y a pas longtemps que vous possédez ce portrait devenu fort rare aujourd'hui. C'est une bonne surprise et une vraie joie que vous me faites, en le plaçant ainsi parmi trois de ses maîtres.

— Je suis heureux du plaisir que vous me témoignez, mon ami. Aussi en profiterai-je, pour vous prier de me donner quelques notes sur la vie d'un savant qui n'est guère connu que par des mémoires dispersés et presque impossibles à se procurer aujourd'hui. La *Revue de Botanique* désirerait que je lui donnasse une notice sur ce savant, moins connu qu'il ne le mérite.

— Sa vie est tout un roman, mais pour vous la conter il faut reprendre les choses d'un peu loin et je vais le faire.

« Dans les premières années de ce siècle, il existait à Cambrai, dans le département du Nord, un vieillard du nom de Samuel Watteriau.

« Chaque jour, à la même heure, il se levait, s'habillait, déjeunait et se rendait à son bureau. Installé dans son fauteuil, il prenait sa plume, l'essayait, la remettait en place, et attendait que le rare public auquel il avait affaire arrivât. Depuis trente ans environ qu'il remplissait les fonctions de receveur des contributions indirectes dans une petite ville du nord de la France, à Cambrai, il tournait dans ce même manège, de façon à rendre jaloux un cheval aveugle.

« Au sortir de son bureau, c'est-à-dire au premier coup de midi, il se levait et traversait la grande place, non sans jeter un regard sur le marché à la marée. Quand il trouvait occasion d'acheter, à bon compte surtout, quelque beau morceau de poisson, il hâtait un peu le pas, afin que son dîner, qui avait lieu à midi et demi précis, ne se trouvât point en retard.

« Dans ces occasions, son retour au logis tenait du triomphe. Une vieille femme de ménage, pensionnaire d'un *béguinage* [1] voisin et qui servait M. Watteriau depuis un quart de siècle au moins, se récriait avec exagération sur la taille et la fraîcheur du poisson rapporté. M. Watteriau répondait invariablement à cette flatterie, qui ne laissait pas que de chatouiller agréablement son amour-propre :

« Oui, Marthe, beau ! très beau ! très frais ! et pas « cher !

— « Pas cher ! pas cher ! et frais comme l'œil, » répétait Marthe en levant les yeux au ciel, comme s'il se fût agi d'un miracle.

« Après quoi, la digne gouvernante se mettait à l'œuvre pour apprêter la précieuse conquête de l'employé, qui eût mal digéré son dîner si Marthe

1. Maison de refuge pour les vieilles femmes.

n'eût point servi le potage à l'instant précis où une vieille pendule proclamait l'heure fatidique de midi et demi.

« A deux heures, M. Watteriau retournait à son bureau et en revenait à quatre. Une fois rentré dans sa petite maison de la rue des Ratelots, composée de deux pièces au rez-de-chaussée et de deux mansardes, il fermait la porte au verrou, chaussait ses pantoufles, se promenait dans un petit jardin de vingt pieds carrés, comptait ses poires, ses pommes, ses grappes de raisin, en faisait la cueillette au temps voulu, et se livrait, suivant les autres saisons, aux travaux d'horticulture que nécessitait le petit enclos. A huit heures, il rentrait, soupait de la desserte de son dîner, lisait, relisait, contemplait certains papiers, toujours les mêmes, qu'il replaçait ensuite dans l'armoire fermée à clef où il les avait pris, et se couchait à neuf heures, pour, le lendemain, ne s'éveiller qu'à huit, afin d'ouvrir la porte à Marthe.

« Jamais, du reste, M. Watteriau ne recevait ni ne rendait de visite. Il échangeait des saluts avec chaque bourgeois de la ville ; mais là se bornaient toutes les relations du bizarre personnage. Dans ses rapports avec le public, il se montrait plutôt bienveillant que bourru, quoiqu'il professât une sévérité fanatique pour tout ce qui concernait le service et les règlements.

« Deux fois l'année, M. Watteriau recevait des lettres affranchies, timbrées de Noyon. C'était le premier de l'an et le 16 février, jour où l'Église célèbre la fête du martyr saint Samuel.

« Ce fut donc un événement pour le facteur de la poste, quand, au mois de juin, il prit des mains du directeur ébahi une lettre portant le nom et la suscription de « M. Samuel Watteriau, receveur des contributions indirectes ». Marthe, qui reçut cette lettre en l'absence de son maître, courut, rouge et haletante, jusqu'à l'hôtel de ville pour remettre au vieillard la dépêche.

« La présence de Marthe dans son bureau, et l'aspect de la missive timbrée de Noyon et cachetée de noir, amenèrent une légère pâleur sur les joues rosées du bonhomme. D'une main tremblante, il décacheta la lettre et lut ce qui suit :

« Mon cher oncle, mon père est mort de chagrin.
« Ce qui l'a tué, c'est la perte de sa fortune, en-
« gloutie, vous le savez, par une spéculation mal-
« heureuse. Il repose en paix à côté de ma mère,
« que Dieu avait rappelée à lui depuis quatre ans,
« sans doute pour lui épargner la douleur de la ruine
« et du désespoir de son mari. Me voici seul, jeune,
« sans ressource et sans état, hélas ! Que me con-
« seillez-vous de faire ? »

« Votre neveu,
« Jean-Baptiste Raparlier. »

« M. Watteriau se gratta quelques instants la tête, retailla sa plume, l'essaya, l'essuya, la trempa dans l'encre, et répondit :

« Mon neveu, en outre de mes appointements de
« dix-huit cents francs par an, l'État m'alloue quatre
« cents francs de frais de bureau ; jusqu'à présent,

« je les avais économisés en faisant seul ma besogne·
« Je vous offre ces quatre cents francs. Vous me
« remplacerez, car je deviens vieux. Je vous logerai,
« je vous nourrirai et je vous blanchirai moyennant
« trois cents francs par an; il vous restera cent
« francs pour l'emploi que vous en voudrez faire.

« Votre oncle,

« SAMUEL WATTERIAU. »

« Cinq jours après, Jean-Baptiste Raparlier arrivait chez son oncle.

« C'était un jeune homme de vingt et un ans environ, pâle, un peu chétif, et qu'avaient jeté dans un découragement profond les luttes, les chagrins, la ruine et la mort de son père. Il avait donc accepté, sans hésiter, les offres de son oncle. Peu lui importait comment se passerait désormais sa vie d'orphelin.

« Samuel Watteriau accueillit le fils de sa sœur avec plus d'émotion qu'on n'aurait pu en attendre d'un vieillard pétrifié par la routine. Il l'embrassa affectueusement et sentit, pour la première fois, depuis un demi-siècle peut-être, une larme mouiller sa paupière.

« Cette émotion ne dura qu'un moment. Cependant il y avait un accent de bonté et de tendresse dans la voix du bonhomme, quand il dit à Jean-Baptiste :

« — Tu vas mener une pauvre et triste vie avec moi, mon garçon !

« — Je serai près du frère de ma mère, répondit Jean-Baptiste.

« — Allons, viens, que je t'installe dans ta chambre, » interrompit Samuel, qui se sentait de nouveau gagné par l'attendrissement.

« Et, gravissant le premier l'escalier qui menait aux deux mansardes, il conduisit son neveu dans l'une d'elles.

« Marthe achevait d'épousseter cette petite pièce, dont tout le luxe consistait en une propreté extrême. La vieille fille fit à Jean-Baptiste une de ses plus belles révérences. Il lui répondit par un de ces sourires tristes et doux qui n'appartiennent qu'aux lèvres des infortunés ou des malades.

« Dès ce moment, le jeune homme eut en Marthe une fanatique. Ce fut bien pis encore, quand il tira de sa bourse une des trois pièces d'or qui s'y trouvaient encore et qu'il la glissa dans la main de la femme de ménage.

« Celle-ci, les yeux écarquillés, contempla le louis, le fit sauter dans ses doigts et regarda Jean-Baptiste pour bien s'assurer qu'il ne s'était pas trompé. Elle voulut remercier, mais la voix lui manqua.

« Watteriau, qui cependant avait parfaitement vu cet acte de munificence, feignit de ne s'être aperçu de rien.

« Maintenant que tu sais où loger, viens dîner, « dit-il. Midi et demie sonne, et je n'aime pas à « attendre. »

« Le dîner fut des plus confortables ; naturellement Marthe s'était surpassée. Le vieillard d'ailleurs tenait à la bonne chère. Quand il eut mangé, assurément avec plus d'appétit que son neveu, quand il eut bu un doigt d'excellent vin de Bourgogne, il prit son café, et couronna le tout par une dose passablement copieuse de cognac. Après quoi il se leva de table, plia minutieusement sa serviette et demanda à Jean-Baptiste :

« — Quand comptes-tu prendre possession de « ton nouvel emploi ?

« — Aujourd'hui, si vous le permettez, mon oncle.

« — Viens donc ! » répliqua M. Watteriau.

« Et tous les deux se dirigèrent vers l'hôtel de ville.

« Dès ce moment, Jean-Baptiste se trouva rivé à l'existence mécanique de son oncle, comme ces malheureux qu'un tyran de l'antiquité dont le nom m'échappe attachait à un cadavre.

« M. Watteriau s'était réservé le droit de surveillance, de signature et surtout de sommeil. A peine installé dans son fauteuil, il tombait dans un assoupissement dont il ne sortait qu'imparfaitement pour écrire son nom au bas des pièces expédiées par son neveu.

« Celui-ci se trouvait donc chaque jour, pendant huit heures, astreint à un isolement cent fois pire que s'il eût été absolu. Le public ne venait guère à lui que cinq ou six fois dans la journée, mais la présence constante de son oncle endormi, voire ronflant à pleins poumons, le condamnait à l'immobilité la plus irritante qu'on puisse imaginer.

« Ses regards ne pouvaient se détourner de dessus son papier que pour se reporter sur les murs du bureau, recouverts d'un papier jaune, ou sur une grande fenêtre qui prenait son jour d'une petite cour dont les murs, depuis peu de temps blanchis à la chaux, répercutaient odieusement les rayons du soleil. Le

soir, il rentrait chez lui, les yeux fatigués, la tête
lourde et endolorie : il attendait avec impatience
que huit heures et demie sonnassent pour souhaiter
le bonsoir à son oncle, monter dans sa chambre et
dormir, c'est-à-dire se reposer et oublier !

« Cela dura toute une année, au bout de laquelle
l'habitude et le temps avaient quelque peu émoussé
les tortures de ce triste genre de vie. Les murs de
la cour, d'ailleurs, commençaient à perdre leur
blancheur agaçante, l'humidité et les pluies les
teintaient, insensiblement et un peu plus chaque
jour, de plaques verdâtres qui allaient s'agrandis-
sant sans cesse et gagnant tout. La crête des murs
elle-même se tapissait de mousse. Jean-Baptiste,
faute de meilleure distraction, suivait et constatait les mystérieux envahissements de la fécondité
sur la stérilité. Il finit par étudier avec un véritable
intérêt ce tapis de velours vert qui s'épaississait,
s'étendait et laissait çà et là sortir de son tissu serré
de petites brindilles qui chatoyaient au soleil et parfois même se balançaient au vent, quand le vent
soufflait bien fort. La contemplation de ces humbles
merveilles de la nature dégagea un peu l'imagination de l'employé des liens léthargiques sous les
étreintes desquels avaient failli l'étouffer l'ennui du
présent et les meurtrissures du passé.

« Insensiblement, Jean-Baptiste prit un réel intérêt aux mystères de la végétation qui sourdissait
pour ainsi dire du néant sous ses yeux. Il se posa
une foule de questions, qu'il se désola de ne pouvoir résoudre, sans se douter que les plus illustres
des savants n'en étaient pas plus capables que lui.

Il songea bien un jour à faire l'acquisition d'un traité de botanique, mais les quarante francs qui lui restaient en arrivant chez son oncle avaient à peine suffi à quelques indispensables frais d'installation, et les vingt-cinq francs que Samuel Watteriau lui remettait tous les trois mois étaient toujours dus au tailleur et au bottier.

« Il renonça donc en soupirant à l'emplette du livre, et il continua à contempler la végétation de la cour de son bureau, sans arrière-pensée de science. Suivant l'expression populaire, il prit le temps comme il venait.

« Le mois de février commençait à peine, lorsqu'un jour Jean-Baptiste, que son oncle, retenu au logis par un gros rhume, n'avait point accompagné, sortit de son bureau une bonne demi-heure au moins plus tard que d'habitude.

« Il avait neigé toute la journée et il neigeait encore. Les flocons légers et blancs qui recouvraient les pavés de la cour s'accrochaient aux aspérités des murs, en revêtant leurs crêtes d'une couche de cristaux qui s'épaississaient toujours de plus en plus, et concordaient on ne peut mieux avec le redoublement de tristesse et de découragement qui pesait sur l'orphelin. Personne ne pensait en ville à mettre le pied dehors par un temps pareil ; personne ne troubla donc l'employé dans la solitude de son bureau. Il put tout à son aise se livrer à ses contemplations, à ses rêveries, à ses souvenirs, à ces mille pensées qui affluent et tournoient, en de semblables instants, autour du cerveau d'un songeur.

« Aussi l'arrivée du garçon de bureau chargé d'éteindre les feux put-elle seule le tirer de ce demi-sommeil en lui annonçant que l'heure du départ était sonnée, et que, pour ce jour-là, sa tâche fastidieuse se trouvait terminée. Il se leva donc, prit son chapeau et sortit.

« Il s'enveloppa de son manteau, enfonça son chapeau sur ses yeux, et se dirigea vers la maison de son oncle, en prenant toutefois le chemin le plus long. Il ne pouvait se résigner que le moins tôt possible à rentrer dans la mesquine réalité de sa vie sans horizon, lui qui venait si bien de l'oublier en se plongeant dans l'infini !

« Il allait donc, sinon au hasard, — on ne va point, hélas ! au hasard dans les rues d'une petite ville de province, — du moins par les quartiers les plus solitaires et les plus muets. Tout à coup il entendit près de lui, au milieu du silence morne qui régnait partout, un bruit de sabots à demi étouffé par la neige, et il aperçut, à la clarté vacillante et douteuse d'un réverbère, une jeune fille d'une quinzaine d'années, conduisant d'une main un petit garçon, et, de l'autre, soulevant péniblement un seau plein d'eau, qu'elle venait d'aller chercher au puits voisin. Son bras, grêle et tendu, semblait prêt à se rompre sous un poids évidemment au-dessus de ses forces. Ses pieds trébuchaient à chaque pas et elle faisait de périlleux efforts pour conserver son équilibre sur le pavé glissant. Une chute, par un pareil froid et avec un fardeau si lourd, pouvait lui être fatale.

« Jean-Baptiste lui prit le seau des mains.

« Vous allez tomber, mon enfant, si je ne viens

« à votre aide, dit-il en riant ; laissez-moi porter cela.

« — C'est mon petit frère Jacques qui m'embar-
« rasse surtout. J'ai peur qu'il ne tombe et ne se
« blesse, » répliqua la jeune fille en abandonnant son
seau à l'ami inconnu que la Providence lui envoyait.

« Jean-Baptiste se pencha, prit sous son autre
bras le petit garçon, qui pouvait compter six à sept
ans, et se dirigea avec sa double charge vers la
boutique du menuisier que les enfants lui montrè-
rent à l'extrémité de la rue. On appelait cette rue
la rue des Cygnes.

« Le menuisier travaillait à son établi ; quand il
vit arriver Jean-Baptiste chargé, comme nous venons de le dire, il se sentit ému, et cependant il
se mit à rire.

« Foi de Nicolas Watremetz, dit-il, vous êtes un
« brave garçon, monsieur Raparlier. Merci de venir
« ainsi en aide à Marie-Madeleine. Dame ! depuis
« la mort de ma pauvre femme, — il y a huit mois !
« — c'est Marie-Madeleine qui est la mère de son
« frère et de sa sœur. Une enfant de quinze ans !
« elle travaille plus qu'une femme, plus dur même
« qu'elle ne le devrait ; sa bonne volonté dépasse
« souvent ses forces. »

« Cette fois il ne put retenir une larme, et il l'essuya de sa grosse et rude main. Marie-Madeleine
embrassa son père, et puis, se tournant vers Jean-
Baptiste, sans timidité, — les enfants du peuple ne
la connaissent guère :

« Merci, à mon tour, monsieur, lui dit-elle. Sans
« votre obligeance, je ne sais comment nous se-
« rions revenus, mon frère et moi. »

« Jean-Baptiste, qui avait déposé le seau dans un coin de l'atelier, reprit, le cœur serré, sans qu'il sût pourquoi, le chemin de la maison de son oncle. Sa tristesse semblait s'accroître encore, quand il se retrouva face à face et seul avec le vieillard, toujours silencieux, toujours affairé, et qui passait ses soirées d'hiver à lire, à relire, à aligner des chiffres, à recommencer dix fois les mêmes calculs, à copier et à recopier des papiers, la plupart timbrés, qu'avant de se coucher il renfermait soigneusement dans une armoire dont lui seul gardait la clef.

« Lorsqu'il verra cela, M. Doremus sera content, « j'en suis sûr ! » concluait-il presque toujours en frappant de la main sur les liasses et les dossiers.

« D'où Jean-Baptiste en avait déduit tout naturellement que son oncle se félicitait de la belle exécution calligraphique qu'il mettait en œuvre pour copier, là ses heures perdues, les pièces que lui confiait le doyen des notaires de la ville ; car telle était la profession de M. Doremus.

« Le lendemain, en se rendant à son bureau, Jean-Baptiste prit un chemin moins direct que d'ordinaire, et passa devant la boutique de Nicolas Watremetz. Celui-ci, les manches retroussées jusqu'aux coudes, travaillait avec une ardeur et une prestesse qui faisaient plaisir à voir. Jean-Baptiste, qui se tenait arrêté sur le seuil de la porte, ne put s'empêcher de lui en témoigner sa surprise.

« Je suis un assez bon ouvrier, répondit le me-
« nuisier. Vous avez raison, Nicolas Watremetz
« peut rendre des points au plus habile menuisier de
« la ville, quand il s'agit d'ouvrer le bois. C'est que

« j'ai eu un digne maître dans ma jeunesse, un vieil
« Allemand qui en savait long ! Par malheur, ici il
« n'y a que des travaux sans importance ; car je sais
« sculpter le bois aussi bien que je le rabote. Mais
« les occasions manquent. Je n'ai eu de chance
« qu'une seule fois en ma vie. Monseigneur l'arche-
« vêque, qui me protégeait, m'a donné, il y a quinze
« ans, une chaire d'église à faire. J'y ai passé un an,
« et j'en ai retiré bien des compliments et de l'hon-
« neur. Quand vous en aurez le temps, allez voir cela
« à l'église du Saint-Sépulcre. Aujourd'hui personne
« n'y pense plus : il me faut fabriquer des châssis,
« des fenêtres, des portes, et faire des rafistolages
« pour gagner ma vie et celle de mes enfants. »

« Tandis que Nicolas parlait ainsi, Jean-Baptiste
ne l'écoutait guère. Il venait d'apercevoir, dans
une sorte d'arrière-boutique obscure, Marie-Madeleine, qui endormait sur ses genoux un enfant encore
au maillot. Près d'elle se tenait, agenouillé et en
contemplation devant ses deux sœurs, le petit garçon de la veille. Sa contemplation ne l'empêchait
point toutefois de mordre bel et bien dans une
grande tartine généreusement recouverte de beurre.
Marie-Madeleine, penchée sur la dormeuse, qui de
temps à autre entr'ouvrait encore les yeux, suivait
ses moindres mouvements avec une sollicitude au-
dessus de son âge, et lui chantait à mi-voix une de
ces vieilles ballades, populaires, depuis je ne sais
combien de siècles, parmi les berceuses de la
France :

> Quand mon enfantelet, accoutré dans ses langes,
> S'endort sur mes genoux,

Jésus du Paradis envoie un de ses anges
    Pour veiller près de nous,
Pour murmurer tout bas les chansons les plus belles
    De sa viole d'or,
Pour former un rideau de ses deux grandes ailes
    A mon petit trésor.

L'archange Gabriel écarte de sa lance
    Le serpent infernal
Qui se glisse dans l'ombre et qui cherche en silence
    A te faire du mal.
Et la Vierge Marie en souriant se penche,
    Afin, du haut des cieux,
De voir ta lèvre rose et la paupière blanche
    Qui va clore tes yeux.

« Marie-Madeleine aperçut en ce moment Jean-Baptiste, lui dit bonjour d'un petit signe de tête, lui montra sa sœur par un regard de mère et reprit sa chanson.

L'enfant qui du baptême au front porte l'empreinte
    Revoit dans son sommeil
Celui que les élus contemplent avec crainte
    Sur son trône vermeil.
Dors longtemps, bien longtemps ; car, lorsque sur la terre
    Ton œil se rouvrira,
La sainte vision, le radieux mystère,
    Las ! tout disparaîtra !

« L'employé échangea quelques paroles distraites avec le menuisier et dut enfin reprendre le chemin de son bureau.

« Quand il y entra, l'horloge de l'hôtel de ville sonnait neuf heures et demie.

« Ah ! se dit-il en souriant, je suis en retard. Si

« mon oncle était là, jamais il ne pourrait me le
« pardonner ! »

« Et il se mit à travailler avec ardeur pour regagner le temps perdu.

« Deux mois après, à la neige et au froid succédait
le renouveau. M. Watteriau, guéri de son rhume,
avait repris l'habitude de se rendre à son bureau
dès le premier coup de neuf heures, et s'y endormait à peine arrivé. Quant à Jean-Baptiste, il quittait la maison une demi-heure plus tôt que son
oncle, sous prétexte de prendre un peu d'exercice
avant d'aller s'asseoir durant trois heures sur le
coussin de cuir de son vieux fauteuil. En réalité,
c'est que chaque matin il s'arrêtait devant la boutique de Watremetz. Appuyé sur la porte, qui,
suivant l'usage du pays, se séparait à hauteur
d'appui pour former, de sa partie supérieure, un
volet qu'on repliait contre le mur, et de l'autre une
sorte de balcon, il échangeait quelques paroles ami-
cales avec l'ouvrier, et disait bonjour à Marie-Madeleine ; celle-ci apportait sa sœur Louise à embrasser, — quand sa sœur toutefois se trouvait
éveillée.

« Jacques, ses livres et ses cahiers sous le bras,
épiait l'arrivée de Jean-Baptiste ; il professait une
tendresse passionnée pour l'employé, et s'estimait
le plus heureux des bambins quand il pouvait se
rendre à l'école en donnant la main à son grand
ami. Or, comme l'école communale se trouvait dans
une des dépendances de l'hôtel de ville, Jean-
Baptiste accordait cette satisfaction à Jacques,
moins que ce dernier n'eût désobéi à sa sœur.

C'étaient alors des larmes, des supplications et des promesses qui aboutissaient presque toujours à une amnistie.

« Peu à peu ces relations avaient fini par attacher sincèrement à la famille de l'artisan le pauvre garçon, déshérité de toute affection en harmonie avec son âge, et qui passait sa vie entre un oncle septuagénaire et une femme de ménage aussi vieille et presque aussi peu avenante. Certes, tous les deux aimaient sincèrement Jean-Baptiste, mais à leur manière et avec leur âge. Il ne trouvait près d'eux ni la grosse et bonne voix du menuisier, ni les gambades de Jacques, ni les mains mignonnes que Louise tendait si gentiment pour demander ou pour donner une caresse, ni le grand œil bleu de Marie-Madeleine, cet œil de femme et de mère dans un visage d'enfant. Le rabot qui sifflait en enlevant de longs rubans frisés, les vigoureux coups de maillet frappant en cadence sur le varlet, la scie qui mordait le bois, les enfants qui s'ébattaient au milieu de tout cela, et Marie-Madeleine devenue par la nécessité la précoce ménagère de ce petit monde, lui détendaient le cœur et lui rendaient quelque chose de la fraîcheur perdue de sa jeunesse. Aussi l'ennui le dominait-il moins pendant ses heures de travail et de captivité.

« D'ailleurs, la cour sur laquelle s'ouvrait l'unique fenêtre de son bureau, grâce à l'hiver, aux pluies, à la neige et à la gelée, avait complètement perdu, ou peu s'en fallait, l'aspect désagréable qui lui donnait la couche criarde de blanc dont on l'avait badigeonnée à grand renfort de chaux vive.

« Des lézardes s'étaient étalées partout, sous les infiltrations verdâtres de l'eau ; les mousses qui revêtaient les crètes du mur formaient un velours épais ; enfin, entre les interstices des pavés eux-mêmes teintés de mille nuances, on voyait çà et là des brindilles d'herbe surgir avec cette vigueur que Dieu donne aux plantes sauvages. Chaque jour, Jean-Baptiste constatait leurs progrès. Une d'elles, entre autres, formait une gerbe délicate, dont chaque feuille, fine, étroite et souple, recourbait élégamment vers le sol son extrémité acérée. Au moindre souffle du vent, les petites lames vertes tremblaient, s'inclinaient, s'élevaient, et, la tempête en miniature passée, finissaient par reprendre leur attitude ordinaire.

« Quand les chaleurs de juin arrivèrent, il sortit en une seule nuit, du milieu de la gerbe, une hampe élancée qui la domina et au sommet de laquelle se tenaient serrées des espèces d'écailles d'un jaune tendre. A quelques jours de là, les écailles se détachèrent, s'étendirent, s'allongèrent, et formèrent des grappes d'épillets quasiment microscopiques. C'est cette fleur mignonne qu'il fallait voir tressaillir au moindre vent, agiter tous ses épillets comme des clochettes et se pencher à droite, à gauche, devant, derrière, comme un drapeau sur une forteresse ! Et cependant, un matin, il se trouva un insecte assez hardi et assez léger pour grimper à son sommet escarpé, pour s'y maintenir en dépit de ses oscillations, pour attaquer de ses mandibules jusqu'à quatre des fleurs. Un mousse aguerri n'est ni plus calme ni plus effronté au haut d'un mât.

« Lorsqu'elle fut bien repue, la bestiole descendit
sans se presser, gagna le mur, distant pourtant de
plus d'un mètre, et se mit à le gravir, sans tenir
compte ni de sa hauteur ni des obstacles qui le
hérissaient. En moins de deux minutes, elle atteignait la crête, et elle disparaissait au milieu de la
forêt vierge et inextricable formée par des millions
de brins de mousse.

« Jean-Baptiste, charmé, faillit, dans un premier
mouvement, éveiller son oncle pour l'associer au
plaisir qu'il éprouvait ; mais il secoua tristement
la tête et se tut en soupirant.

« Il se trouvait néanmoins tellement plein du
spectacle dont il avait été témoin, qu'il fallait absolument que son émotion débordât. Aussi, le soir, en
repassant devant la boutique du menuisier et en
s'y arrêtant, ne put-il s'empêcher de raconter
l'escalade de la tige d'herbe par un insecte. Il dé-
crivit la forme de cette petite bête, grosse comme
un .grain de poussière. Elle n'en possédait pas
moins une cuirasse mordorée, deux ailes rouges,
noires et opaques, dont elle dédaignait de se servir,
tant ses six pattes grimpaient avec agilité ! Enfin,
sur sa tête s'agitaient en signe de triomphe deux
antennes, véritables panaches vivants.

« Tandis qu'il parlait, Watremetz avait interrompu
son travail et l'écoutait bouche béante ; Marie-Madeleine s'était doucement, doucement rapprochée
du seuil, et, pour mieux entendre, s'appuyait de
ses deux bras quelque peu chétifs sur le rebord de
la porte. Ses grands yeux bleus brillaient d'une
intelligence et d'un charme indicibles. A sa prière,

il fallut que le narrateur reprît plusieurs parties
d'un récit que l'adolescente n'avait point d'abord
tout à fait comprises.

« A dater de ce moment-là, Jean-Baptiste, tous
les soirs, raconta les événements botaniques ou
entomologiques survenus dans la cour de son
bureau.

« Je vous assure qu'il avait à faire, car chaque
jour amenait quelques incidents nouveaux ; à son
insu, le jeune homme les décrivait en poète, char-
mait son petit auditoire, faisait pousser des excla-
mations à maître Nicolas, et souvent remplissait de
larmes les yeux de Marie-Madeleine.

« Il faut avoir vécu d'une vie pauvre et isolée,
comme vivaient ces trois personnes, pour comprendre le plaisir qu'elles éprouvaient à de pareils
entretiens.

« Le menuisier, dès que venait le moment où Jean-
Baptiste devait passer, quittait trois ou quatre fois
son établi et regardait si le jeune homme n'arrivait
pas enfin. Sa bonne figure s'épanouissait de satisfaction lorsqu'il l'apercevait de loin. A cette heure-
là, Marie-Madeleine trouvait toujours quelque chose
à faire dans la boutique, et ses joues pâles se couvraient d'une légère teinte rosée quand résonnait
sur le pavé le bruit d'un pas qu'elle connaissait si
bien. Quant à Jean-Baptiste, les instants lui semblaient fort longs le matin avant de partir, et plus
longs encore si l'heure de revenir s'approchait. Je
vous assure que, dès trois heures et demie, il in-
terrogeait à chaque minute la montre de son père,
seule épave qu'il eût conservée de sa prospérité

d'autrefois. Son œil brillait et sa physionomie s'é-
clairait dès que se faisait entendre le premier des
quatre coups que sonnait le beffroi de la ville.
Avant que les vibrations du dernier tintement eussent achevé de s'éteindre, il avait pris le chemin
de l'habitation de maître Watremetz.

« Trois ou quatre années s'écoulèrent de la sorte,
sans apporter de changements dans les relations
suivies de Jean-Baptiste et de la famille du menuisier. Seulement les cheveux de Nicolas, qui touchait à la cinquantaine, blanchissaient de plus en
plus : Jacques, devenu un apprenti, travaillait
vaillamment à côté de son père, et Jean-Baptiste
conduisait la petite Louise à l'école des sœurs de
la charité, où elle obtenait tous les prix. Enfin, à la
grâce chétive de l'adolescente Marie-Madeleine
avait succédé la beauté délicate et pure des jeunes
filles de la Flandre française. Ses cheveux blonds
se nouaient en tresses luxuriantes autour de sa tête
et encadraient à ravir un visage d'un ovale charmant et des traits d'une régularité accomplie. Une
démarche un peu nonchalante donnait une grâce
extrême à sa taille souple et mignonne ; malgré les
labeurs du ménage, ses longs doigts effilés ne
connaissaient d'autres stigmates que les légères
traces grisâtres laissées sur l'un d'eux par les
piqûres de l'aiguille. Autrefois si attentive aux
récits de Jean-Baptiste, elle tombait maintenant
parfois, en l'écoutant, dans une rêverie profonde
et semblait ne plus l'entendre ; son grand œil bleu,
immobile et perdu dans l'espace, révélait que sa
pensée s'égarait bien loin de ce qui se passait au-

tour d'elle. Cela du reste durait peu d'instants ; elle se réveillait comme en sursaut, et elle **ne** tardait point à ramener sur l'ami de sa famille son regard doux et curieux.

« Au logis de maître Watteriau, les choses n'avaient subi d'autres modifications qu'un redoublement d'amour du vieillard pour ses griffonnages et ses calculs du soir, et qu'une diminution d'assiduité à son bureau. Il n'y allait guère plus de trois ou quatre fois la semaine, — encore n'était-ce que les après-midi, — pour contrôler disait-il, la besogne de Jean-Baptiste, qu'il ne contrôlait point du tout. Il prenait, il est vrai, ses lunettes, en essuyait les verres, les mettait sur son nez, et installait devant lui les registres et les feuilles à souches. A peine en avait-il commencé l'examen, que ses paupières se fermaient, que sa tête se penchait et qu'un ronflement sonore trahissait le sommeil dans lequel il venait de tomber. Au premier coup de quatre heures, il se réveillait, repoussait de la main les registres, disait à son neveu : « Voilà qui est parfait ! » et reprenait le chemin de sa maison, où l'attendait, moitié souriant, moitié grognant, la vieille femme de ménage, devenue tout à fait la commensale de M. Watteriau. Celui-ci l'avait déterminée à quitter le béguinage, à s'installer chez lui en qualité de gouvernante et non pas de servante, comme elle le disait emphatiquement, et à lui sacrifier son indépendance. Elle ne cessait de rabâcher cela deux ou trois fois par jour. Depuis que Marthe était la plus heureuse des femmes chez le vieillard, elle s'était fait une sorte de paradis perdu du béguinage, contre lequel autrefois elle maugréait soir et matin.

« La cour du bureau de Jean-Baptiste avait changé plus que tout le reste. L'œuvre de la nature va vite quand l'homme ne cherche point à la diriger. Aussi des plantes de cent espèces différentes foisonnaient autour de chaque pavé, grimpaient le long des murs, s'épanouissaient entre les moindres interstices de la muraille, en couronnaient les rebords, s'y dressaient en aigrettes, retombaient en guirlandes et servaient de repaire à je ne sais combien d'insectes.

« Un jour que Marie-Madeleine écoutait les descriptions que lui faisait Jean-Baptiste de ce petit monde fécond en merveilles, il lui arriva de s'écrier :

« Quel malheur de ne pouvoir connaître tout cela
« autrement que par des récits ! »

« A ces paroles, le jeune homme, je l'avoue, se promit d'arracher, dès le lendemain, les plantes de la cour, d'en faire prisonniers les insectes, et d'apporter à la jolie curieuse les produits de cette razzia. Il y songea pendant la nuit, car il ne dormit guère ; il emporta même une boîte pour y déposer les fleurs et les insectes. Mais, au moment de se mettre à l'œuvre, le cœur lui faillit ; il lui sembla qu'il allait commettre une véritable profanation.

« Tout à coup, prenant son chapeau et sa boîte, il sortit précipitamment de son bureau sans même s'inquiéter de l'heure qu'il était et de ce qu'on penserait en voyant son travail abandonné avant que le beffroi en eût légalisé la clôture.

« A cinq heures, cependant, on attendait encore Jean-Baptiste chez le menuisier.

« Louise était revenue de l'école seule et de fort mauvaise humeur ; Jacques avait taillé de travers une mortaise, et, pour la première fois de sa vie, il avait reçu pour ce méfait une taloche de son père ; l'impatience et l'inquiétude donnaient sur les nerfs, cependant bien robustes, de maître Watremetz. Quant à Marie-Madeleine, elle allait, elle venait, elle se penchait à la porte, elle regardait au loin ; ses mains tremblaient ; son petit pied battait le sol sans qu'elle s'en aperçût ; enfin elle oublia de servir le goûter de son frère et de son père ; on eût dit une âme en peine.

« Tout à coup un bruit de pas bien connu, mais plus précipité que de coutume, résonna au bout de la rue solitaire, et Jean-Baptiste apparut, hors d'haleine, le front humide, et une grosse boîte sous le bras. Le beffroi sonnait en ce moment cinq heures et demie.

« Les visages inquiets et assombris se rassérénèrent ; les yeux de Marie-Madeleine s'emplirent de larmes, et, pour les cacher, elle s'assit ou plutôt elle tomba sur sa chaise en détournant la tête.

« Voilà un bel accueil que vous me faites, Marie-
« Madeleine ! dit Jean-Baptiste en déposant sa boîte
« sur les genoux de la jeune fille. — C'est à cause de
« vous que j'arrive si tard ! »

« Et il ouvrit la petite caisse, que remplissaient toutes sortes de plantes.

« Les femmes ont parfois des mouvements involontaires de cruauté.

« Quoi! demanda sévèrement Marie-Madeleine,
« c'est à dévaster cette cour que j'aime tant, sans
« l'avoir jamais vue, que vous avez employé l'heure
« pendant laquelle... »

« Elle faillit dire : « J'ai tant souffert! » Mais elle
s'arrêta court, et reprit :

« L'heure pendant laquelle on vous attendait ici? »

« Puis elle ajouta avec un sourire amer :

« En vérité, je croyais mériter d'être mieux com-
« prise de quelqu'un que je vois tous les jours. On
« ne saurait mieux me faire repentir d'un mot impru-
« dent que j'ai dit sans y songer. Un autre jour, j'y
« réfléchirai à deux fois avant de parler devant vous!

« — Que vous êtes injuste! répondit Jean-Baptiste
« après un moment de silence. Hier, vous m'avez
« témoigné le désir de voir les plantes dont je vous
« parlais sans cesse; j'ai été en récolter de sembla-
« bles dans la campagne pour vous les apporter. »

« Le cœur de Marie-Madeleine, qui s'était roidi
sans qu'elle sût pourquoi, se détendit tout à coup; à
son excitation nerveuse succéda un mouvement d'ex-
pansion et de tendresse.

« Ah! vous êtes bon, et je suis méchante! » mur-
mura-t-elle, en tendant la main au jeune homme.

« Ému au delà de ce qu'on pourrait dire, il prit
cette main qui tremblait dans la sienne, cette main
qu'il touchait pour la première fois.

« Les jolies plantes! s'écria-t-elle en retirant sa
« main, non sans rougir du mouvement d'abandon
« qui la lui avait fait donner; non sans se pencher
« pour dérober cette rougeur. Les jolies plantes!
« Laissez-moi bien les examiner! »

« Puis elle se leva brusquement.

« Et mon père, et mon frère à qui je n'ai pas en-
« core servi leur goûter! » reprit-elle avec un laisser-aller affecté que démentait son trouble.

« Jean-Baptiste, qui, de son côté, se sentait plein
d'agitation, salua maître Watremetz, retourné à son
établi, et qui n'avait point pris garde à la petite
scène que nous venons de décrire.

« Le lendemain, pendant que Jean-Baptiste conduisait Louise à l'école, la petite fille, chemin faisant, lui reprocha d'avoir donné, la veille, toutes les
belles fleurs à Marie-Madeleine.

« Elle n'a point voulu m'en laisser toucher une
« seule, ajouta-t-elle. Le soir, elle les a baisées une
« par une, puis elle les a placées entre les pages
« d'un grand livre de prières, en les étalant comme
« il faut pour que rien ne les gâte ni les chiffonne ;
« puis elle a dit de longues, longues prières, et elle
« pleurait en les disant. »

« Les bavardages de la petite Louise avaient produit une telle impression sur Jean-Baptiste, que
son oncle, déjà installé dans le bureau de la mairie,
remarqua la pâleur du pauvre garçon, s'en inquiéta,
et en lui demanda la cause. Son neveu allégua une
grande pesanteur de tête et un malaise subit qu'il
attribuait au manque d'exercice.

« Tu as raison, dit avec bonté le vieillard. Tu
« n'as que vingt-huit ans, et tu ne peux mener la vie
« que mène un vieillard comme moi. Eh bien, prends
« une journée de congé ; va dîner à la campagne dans
« quelque ferme, à une ou deux lieues de la ville.
Peut-être n'as-tu plus d'argent, car nous touchons

« **à la fin du trimestre?** Tiens, voilà un écu de six
« **livres.** Va-t'en libre et joyeux comme l'air. »

« Et, moitié gaiement, moitié douloureusement, il
tira du plus profond de sa poche une bourse de cuir,
y prit une belle pièce d'argent, qu'il retourna deux
ou trois fois dans ses doigts, soupira, la glissa dans
la main de son neveu, et s'installa résolûment devant le bureau.

« Cela va me rajeunir de faire seul la besogne,
« murmura-t-il en plaçant ses lunettes sur son nez.
« Embrasse-moi, et en route! »

« Jamais Jean-Baptiste n'avait vu son oncle si bon
pour lui. Il le serra dans ses bras avec effusion et
partit, car il éprouvait le besoin d'être seul, de s'interroger, de lire dans son cœur, qui battait avec
tant de violence.

« Il n'en fut rien pourtant. A peine avait-il franchi
les portes de la ville et pris un petit sentier détourné
dans lequel il s'attendait à trouver une solitude profonde, qu'il se rencontra nez à nez avec M. Capron.

« M. Capron était un vieux pharmacien que chacun
dans la ville aimait et respectait. Pieux, charitable,
regardé comme un savant hors ligne, car au temps
de sa jeunesse, il avait été, disait-on, à Paris, pré-
parateur de Fourcroy, il s'occupait beaucoup, malgré son grand âge, de chimie et de botanique. Au
moment où le neveu de M. Watteriau en fit la rencontre, il herborisait le long du sentier.

« Jean-Baptiste le salua respectueusement et se
disposait à passer outre. M. Capron l'arrêta.

« Vous qui êtes jeune et leste, lui dit-il, rendez-
moi donc le service d'aller me cueillir, de l'autre

« côté de ce fossé, la plante de sabline (*arenaria*)
« que voici. Je ne serais pas fâché d'en mettre un
« si bel exemplaire dans mon herbier. »

« .D'un bond, Jean-Baptiste sauta de l'autre côté
« du ravin, et d'un autre bond il rapporta la plante.

« — Est-elle bien complète? lui demanda le phar-
« macien.

« — Rien n'y manque, sauf sa fleur rouge, ré-
« pondit Jean-Baptiste. Cependant je m'étonne de
« ne pas l'y trouver, car c'est au mois de juin que
« la sabline fleurit.

« M. Capron le regarda avec surprise.

« Je connaissais depuis longtemps cette plante.
« Seulement j'en ignorais le nom. Il y en a cinq ou
« six pieds dans la cour de mon bureau; ses tiges
« rameuses s'étalent partout en traînant; sa graine
« est nue et anguleuse.

« — Alors c'est la sabline *rubra* de Linné, et non
« la *segetalis*, qui pousse dans votre cour, répliqua
« M. Capron. Mais pourquoi l'avez-vous si bien ob-
« servée? »

« Jean-Baptiste raconta au vieillard comment il
s'était pris à regarder et à étudier les herbes sauvages de sa cour, et comment elles faisaient une de
ses plus chères distractions. Il s'exprima avec tant
de chaleur et d'intelligence, que le vieillard lui
frappa sur l'épaule, en lui disant :

« — Pardieu! avec des dispositions pareilles, il
« ne tient qu'à vous de savoir, en huit jours, autant
« de botanique que moi.

« — Vous me rendriez bien heureux si vous réa-
« lisiez un de mes rêves les plus ardents.

« — Soit! touchez là. Je vous prends pour mon
« élève. Commençons ! »

« Il s'assit sur un tertre; Jean-Baptiste se plaça
près de lui, et M. Capron se mit à lui expliquer clai-
rement et succinctement les lois générales de la
botanique, d'après Linné. Le jeune homme dévorait
les paroles du savant; chacune des questions qu'il
adressait à son maître improvisé démontrait avec
quelle rapidité il le comprenait. Ensuite, il fallut que
l'adepte nommât au néophyte toutes les plantes que
celui-ci récoltait et lui présentait. Elles se composaient, cela va sans dire, d'échantillons semblables
à ceux que produisait la cour des contributions indirectes.

« A mesure que le vieillard les lui désignait, Jean-
Baptiste prenait des notes, et ne se lassait pas plus
d'interroger son nouvel ami que celui-ci ne se lassait de répondre. Tout à coup, au plus fort de la
leçon, trois heures et demie sonnèrent au clocher
de la ville.

« Le jeune homme se leva brusquement.

« Il faut que je m'en retourne, monsieur, s'écria-
« t-il. Quand me permettrez-vous de vous revoir?

« — Quand vous le voudrez, mon jeune élève. En
« attendant, vous allez, s'il vous plaît, m'offrir votre
« bras jusque chez moi. Je me sens un peu fatigué,
« et puis nous continuerons à deviser en route. »

« Jean-Baptiste eut bien de la peine à dissimuler
la contrariété que lui causait cette prière. Il ne retrouva un peu de calme qu'après avoir repris le
chemin de la ville. Encore M. Capron dut-il plus
d'une fois insister pour qu'on modérât un pas de la

rapidité duquel s'accommodaient peu ses jambes septuagénaires.

« Quoi qu'il en soit, au moment où quatre heures sonnaient, les deux promeneurs franchissaient la porte de la ville : le plus âgé serrait la main du plus jeune, et lui faisait promettre de venir le voir le lendemain ; l'autre, suivant une expression populaire, prenait ses jambes à son cou, et courait, sans s'arrêter, jusqu'à l'entrée de la rue du menuisier. Là, il respira un peu, reprit sa marche d'un pas calme en apparence, et se demanda avec anxiété de quelle façon il aborderait Marie-Madeleine.

« Tout entier aux souvenirs de la veille, Jean-Baptiste redoutait à la fois son propre trouble et le trouble de la jeune fille ; il craignait qu'elle pût, encore moins que lui, maîtriser son émotion. A sa grande surprise, il la trouva, en apparence, aussi calme que d'ordinaire. Elle l'accueillit comme elle l'accueillait tous les jours, avec un sourire amical, et sans même qu'une légère rougeur passât sur ses joues.

« — Mon père et mon frère sont allés travailler
« en ville, dit-elle ; ils ne tarderont point à rentrer.
« Vous attendrez leur retour, n'est-ce pas ?... Qu'a-
« vez-vous donc ? Vous êtes pâle et tremblant !
« Seriez-vous malade, mon Dieu ? »

« Et, en disant cela, elle pâlissait elle-même.

« — Rassurez-vous, Marie-Madeleine ; j'ai couru
« un peu vite pour vous voir plus tôt, voilà tout.

« — Ah ! j'ai eu peur ! reprit-elle en respirant à
« l'aise et reprenant sa sérénité. Nous avons tous
« ici tant d'amitié pour vous ! Si vous saviez comme

« je m'en suis voulu hier de m'être montrée mé-
« chante à votre égard! Eh bien, c'était encore de
« l'amitié! Vous n'êtes point venu à l'heure ordi-
« naire: mon père lui-même craignait qu'il ne vous
« fût arrivé quelque accident; moi, je me sentais
« aussi tout agitée de cette crainte... J'en ai pleuré
« en faisant ma prière... Enfin, vous me pardonnez,
« n'est-ce pas? Quand je pense que c'était pour sa-
« tisfaire un de mes désirs que vous arriviez si tard!
« Aussi j'ai pris bien soin de vos plantes. Je les ai
« arrangées, regardez, comme il faut dans la Bible
« de ma mère. Tenez, elles se dessécheront là, tout
« doucement, sans perdre ni leurs couleurs, ni leurs
« formes.

« En disant cela, elle prenait le livre dans sa grande
corbeille à ouvrage, et elle en tournait les pages
pour montrer à Jean-Baptiste l'herbier improvisé.

« Pendant qu'elle disait cela et qu'elle feuilletait
le volume, le cœur du jeune homme s'était serré.
« Elle ne m'aime point! pensait-il : sans cela, me
« parlerait-elle avec cette adorable et décourageante
« naïveté?... Tant mieux! ajouta-t-il. A quoi servi-
« rait-il qu'elle m'aimât? à m'éloigner d'elle pour
« toujours. Hélas! peut-on se laisser aimer quand
« on est pauvre, et sans espoir de s'arracher à la
« pauvreté?

« — Vous ne me répondez pas? demanda Marie-
« Madeleine, vous êtes songeur!

« — Je songe, Marie-Madeleine, qu'il manque
« quelque chose à votre herbier.

— « Quoi donc? reprit-elle avec une surprise mé-
« langée de quelque peu de dépit.

« — Il y manque les noms des plantes écrits au
« bas de chacune d'elle, sur une jolie petite étiquette.

« — Comment les y mettre, puisque ni vous ni
« moi ne le savons?

« — Je les ai appris aujourd'hui pour vous les
« dire. »

« Une expression de reconnaissance ou plutôt de
tendresse anima les traits de Marie-Madeleine. Elle
resta quelques instants sans prononcer un mot :
l'altération de sa voix eût trahi une émotion qu'elle
voulait cacher. Cependant, cette voix semblait encore un peu altérée quand elle balbutia :

« Merci! vous me rendez bien heureuse! »

« Jean-Baptiste ne put répondre que par un mouvement de tête; les larmes l'étouffaient.

« Elle m'aime! elle m'aime! se disait-il.

« — Vite, vite, les noms des plantes! s'écria Marie-
« Madeleine, qui, elle aussi, se sentait gagnée par
« l'émotion. Vite! vite! ajouta-t-elle avec une gaieté
« forcée et pour couper court à cette situation. Vite,
« vite! vous savez que je suis impatiente et mauvaise
« quand j'attends; ne me faites donc point attendre.
« Comment appelez-vous cette jolie tige fine à
« feuilles étroites que termine un petit bouquet de
« fleurs blanches si fines, si fines qu'on les voit à
« peine?

« — La *bourse à pasteur*. Elle jouit de propriétés
« médicinales; voici le muflier *tête de mort*, qui
« ressemble à une gueule de lion; cés feuilles ve-
« lues et glabres appartiennent à la *linaire*, qui
« pousse sur les vieux murs, à côté de la *giroflée*
« *sauvage*, au milieu d'une forêt naine de *columelles*.

« On appelle ainsi la mousse des murailles, qui s'étale
« sur cette page comme un morceau de velours ;
« elle produit les mêmes effets que l'émétique.

« Voici encore l'*arpin des pierres*, et le *sauve-vie*
« ou *petite rue*, dont les fleurs mignonnement dé-
« coupées détachent nettement sur la marge blanche
« de votre livre leurs ovales dentelés.

« Il y en a de nombreuses et de charmantes sur
« le haut du mur de mon bureau. Que le vent le
« plus léger souffle, qu'un insecte passe, elles se
« courbent et s'agitent en tremblant avec grâce.
« Vous avez encore la *stellaire*, la *grande margue-*
« *rite* à deux fleurons blancs ; le *silène*, dont la fleur
« également blanche affecte la forme d'un verre à
« boire ; le *réséda sauvage*, qui donne une belle
« teinture jaune ; la *fétuque*, la *folle-avoine*, le *pâ-*
« *turin*, qui poussent entre mes pavés. Regardez
« encore l'*hépatique* bleuâtre ou *fleur de la Trinité* ;
« la *renoncule grenouillette*, qui foisonne dans un
« coin toujours humide ; le *bec-de-grue*, qui pousse
« en plein sur un petit tas de sable, le *peigne de*
« *Vénus*, le *percepierre*, la *dent-de-lion*, qui se pare
« d'une aigrette brillante sur laquelle les enfants
« soufflent, en disant : *un peu, beaucoup, pas du*
« *tout* ; la *campanule* ou le *bâton de Jacob*, la *parié-*
« *taire*, l'*éclaire*, le *pied-d'alouette*, le *seneçon*, la
« sinistre *jusquiame noire*, la bienfaisante *douce-*
« *amère*, l'*écuelle d'eau*, la *pâquerette des champs*,
. la *marguerite*...

« — Je connais bien celle-là, interrompit Marie-
« Madeleine. Ma mère, quand j'étais petite, me me-
« nait toujours en cueillir avec elle dans les prés, et

« je lui faisais, chaque fois, me raconter une his-
« toire qu'elle savait sur cette fleur.

« — Vous allez me la dire, n'est-ce pas, Made-
« leine?

« — Saint Druon avait pour sœur sainte Olle
« Quand tous les deux se vouèrent au culte du Sei-
« gneur, ils se retirèrent chacun de leur côté dans un
« ermitage, l'un à droite et l'autre à gauche de l'Es-
« caut. Dans les premiers temps, tous les matins,
« le frère et la sœur venaient, sur les rives du fleuve,
« échanger de loin une parole ou du moins un geste
« d'affection. Un jour d'hiver, saint Druon dit à
« sainte Olle : « Ma sœur, il faut sacrifier à Dieu
« nos fréquentes et douces entrevues, qui nuisent
« à notre recueillement. Désormais, nous ne nous
« verrons plus seule qu'une fois l'année, au prin-
« temps, quand fleuriront les premières margue-
« rites. »

« Sainte Olle pleura, pria, supplia son frère de ne
« point la priver de sa vue pendant si longtemps.
« Rien ne put ébranler la volonté du solitaire. Sainte
« Olle rentra donc dans son ermitage, en proie à un
« grand désespoir, et elle passa la nuit en larmes et
« en oraisons. Le lendemain, jugez de sa surprise
« quand elle s'éveilla! A chaque pas, sous la neige
« à demi fondue, des marguerites fleurissaient le
« long de la rive de l'Escaut. Elle se jeta à genoux,
« remercia Dieu avec effusion et appela son frère à
« grands cris. Comme saint Druon ne venait pas, un
« ange apparut à la vierge, lui fit signe de détacher
« son tablier, de le poser sur l'eau, de s'y asseoir,
« et de déployer son voile, dans lequel le vent se

« mit à souffler. Sainte Olle obéit et elle aborda aus-
« sitôt de l'autre côté du fleuve, qui se trouvait
« également émaillé de marguerites.

« Il fallut bien que saint Druon se rendît à ce
« double miracle. Désormais il vint donc, comme
« par le passé, chaque matin, souhaiter une bonne
« journée à sa sœur.

« Depuis lors, les marguerites fleurissent toute
« l'année dans le pays, été comme hiver, printemps
« comme automne.

« — En effet, ce doit être une bien grande dou-
« leur pour ceux qui s'aiment de ne plus se voir!
« soupira Jean-Baptiste.

« — Sainte Olle en serait morte sans doute, ré-
« pliqua Marie-Madeleine. Moi, si j'avais un pareil
« malheur, si quelque fatal accident me séparait
« de... ceux que j'aime... »

« Elle s'interrompit et se leva brusquement pour
aller au-devant de son père, qui revenait sa scie sur
l'épaule, et de son frère, qui de loin criait gaiement
bonjour à Jean-Baptiste.

« Le lendemain, c'était précisément un dimanche,
Jean-Baptiste, au sortir de la messe, se rendit chez
M. Capron. Le pharmacien, déjà poudré et rasé de
frais, en culotte courte et en habit marron d'une
forme ancienne, se tenait dans le comptoir de sa
pharmacie. Dès qu'il aperçut le jeune homme, il
quitta tout pour le recevoir, tout, même jusqu'à un
julep, qu'à l'exemple de l'excellent M. Purgon de
Molière, il commençait à préparer de ses propres
mains. Il en confia l'exécution à l'un de ses aides,
non sans lui adresser des recommandations minu-

tieuses sur la manière de confectionner la potion.

« N'oubliez point le proverbe chinois que je vous
« ai répété déjà bien des fois, dit-il en terminant :
« Il faut deux yeux au pharmacien qui amalgame les
« drogues, tandis qu'il n'en faut qu'un au médecin
« qui les prescrit; le malade qui les prend doit être
« aveugle. »

« Là-dessus, il sortit de son laboratoire, fit signe
à Jean-Baptiste de le suivre, et le conduisit dans
une petite serre pleine de fleurs exotiques.

« Ce ne sont plus là les plantes sauvages de
« notre promenade d'hier, fit-il observer, et cepen-
« dant les filles des champs ne le cèdent en rien à
« celles-ci. Aux yeux de la science, les unes et les
« autres ont des mœurs également étranges et des
« amours également mystérieuses. Sauf la nomen-
« clature, qui exige une bonne mémoire et dans les
« méandres de laquelle la méthode créée par Linné
« ne permet guère de s'égarer, je ne sais rien de
« merveilleux et d'attachant comme l'étude de leur
« germination, de leur développement, de leurs
« fleurs, de leurs fruits, de leur alimentation et de
« leur reproduction. Elles naissent, meurent, res-
« pirent, aiment, se défendent, s'attaquent et se dé-
« truisent, à peu de chose près comme les hommes. »

« Là-dessus, il reprit sa leçon où il l'avait laissée
la veille, si bien qu'à trois heures et demie ils
étaient encore là, lui à parler, Jean-Baptiste à dé-
vorer les paroles du botaniste.

« A dater de ce moment, l'attention de l'élève
commença singulièrement à faire défaut ; M. Capron
s'en aperçut.

« Restons-en là pour aujourd'hui, dit-il. Seule-
« ment emportez ce Linné, que je vous ai préparé et
« que vous vous procureriez difficilement dans notre
« petite ville. Maintenant que le beffroi sonne ses
« quatre coups fatidiques, partez ! Comme Cen-
« drillon, n'allez point, par votre inexactitude, ir-
« riter quelque belle fée. Au revoir ! à bientôt ! »

« Jean-Baptiste ne se fit point répéter deux fois
son congé ; en quelques minutes, il fut près de
Marie-Madeleine et lui raconta tout ce que le pharmacien lui avait enseigné.

« Deux ou trois fois par semaine le neveu de
M. Watteriau passait ses soirées chez son maître de
botanique ; le lendemain, il redisait à l'intelligente
fille du menuisier les leçons qu'il avait apprises. Il
en résulta qu'elle en sut bientôt autant que Jean-
Baptiste et qu'elle se passionna plus que lui peut-
être pour la botanique. La Bible ne put suffire aux
nombreux échantillons de plante que Jean-Baptiste
recueillait et apportait chaque jour ; on la remplaça
par de grands cahiers de papier gris in-folio, que
le pharmacien avait donnés à son élève. Peu à peu
l'atelier de maître Watremetz se transforma en
serre : de belles plantes rares, offertes par M. Capron, prirent droit de cité dans cette vaste pièce
que chauffait, l'hiver, un grand poêle plein de charbon de terre, et que, l'été, grâce à son exposition
en plein midi, le soleil caressait toute la journée.
Marie-Madeleine veillait sur ses fleurs avec une sollicitude de tous les instants ; il fallait pour ainsi
dire, chaque jour, que son père ajoutât de nouvelles
planches le long du mur, pour loger les pension-

naires parfumées qu'apportait Jean-Baptiste quand il revenait de visiter M. Capron. Le brave ouvrier, du reste, commençait à savoir distinguer par leur nom, sans trop se tromper, la plupart des plantes. Quant à Jacques et à Louise, ils les aimaient aussi passionnément que leur sœur, et ils eussent rendu des points à un nomenclateur de profession.

« Un jour que Jean-Baptiste venait d'ajouter à tant de richesses un trésor de plus, un *cactus grandiflorus*, et qu'il rentrait un peu tard chez son oncle, à l'extrême inquiétude de dame Marthe, il trouva M. Watteriau un peu souffrant. Le vieillard n'avait point touché au souper ; toutefois, comme d'habitude, il s'occupait à feuilleter ses dossiers favoris ; seulement il dut s'y reprendre à plusieurs fois pour terminer un de ces calculs qu'il résolvait d'ordinaire avec une facilité triomphante.

« Je me sens mal à mon aise, dit-il à son neveu.
« J'ai la tête lourde. »

« Il voulut reprendre ses travaux de chiffres, mais il échoua encore.

« Après avoir tenté un nouvel effort et poussé un profond soupir, il se leva péniblement, rassembla les papiers, les rangea sur les rayons de l'armoire où il les enfermait d'ordinaire, mit la clef, comme d'habitude, dans la poche de son gilet, et revint s'asseoir devant le poêle, en silence et la tête penchée sur la poitrine.

« Après une demi-heure environ, il se redressa et montra à Jean-Baptiste, qui lisait un livre de botanique, un visage plus pâle et plus fatigué que d'habitude.

« Mon ami, lui dit-il, je crois que M. le curé du
« Saint-Sépulcre a raison ; j'ai peut-être oublié un
« peu trop les pauvres. »

« Il se replongea dans ses réflexions. A quelque
temps de là, sans faire le moindre mouvement,
sans même soulever la tête, il murmura d'une voix
à peine intelligible :

« J'ai trop négligé les pauvres! Ne fais point
« comme moi, Jean-Baptiste. »

« Quand la pendule sonna huit heures, le vieillard, qui dormait profondément et qui ronflait même
un peu, ne se leva point pour monter se coucher.
C'était la première fois peut-être que cela lui arrivait depuis cinquante ans.

« A neuf heures, il était encore là, immobile et
muet. Ses ronflements s'étaient peu à peu éteints.

« Jean-Baptiste, que, jusqu'alors, avait absorbé
la lecture de son livre de botanique, commença à
s'inquiéter de ce sommeil inusité. Il se leva ; il
toussa ; il remua bruyamment sa chaise. M. Watteriau ne fit point un mouvement.

« A la fin, n'y tenant plus, le jeune homme dit à
son oncle :

« Ne vaudrait-il pas mieux vous coucher que de
« dormir de la sorte au coin du feu? Dix heures
« viennent de sonner, et Marthe tombe de fatigue. »

« M. Watteriau ne répondit pas.

« Jean-Baptiste, alors, posa doucement sa main
sur la main du vieillard. Cette main était glacée.

« Marthe, qui, fort tourmentée elle-même, avait
arrêté son rouet, pour regarder, répondit par un
cri de désespoir au cri que poussa le jeune homme.

Elle s'élança vers son maître, et lui prodigua tous les soins imaginables sans pouvoir le ranimer. Jean-Baptiste, qui la secondait avec ardeur, la quitta pour courir à la hâte chercher M. Capron.

« Celui-ci, qui demeurait dans le voisinage, accourut aussitôt. Quand il eut examiné quelque instants le vieillard, il fit le signe de la croix, s'agenouilla et dit :

« Il ne nous reste plus qu'à prier pour lui ! »

« Jamais douleur ne fut assurément plus sincère que celle de Jean-Baptiste. Pendant trois ou quatre jours, la mort de son oncle le jeta dans un anéantissement absolu. Ni la sollicitude de Marthe, ni l'affectueuse amitié de M. Capron, ne purent lui rendre quelque énergie. Ce dernier, qui en savait sur Jean-Baptiste beaucoup plus long que le jeune homme ne le soupçonnait, alla trouver, en désespoir de cause, maître Watremetz et sa fille. Il leur démontra, sans trop de peine, que la timidité qui les empêchait de visiter un ami malheureux était presque coupable, et il finit par amener toute la famille dans la petite maison de la rue des Ratclots. Les enfants sautèrent au cou de leur ami, qu'ils n'avaient point vu depuis longtemps ; Nicolas l'embrassa, les larmes aux yeux ; et Marie-Madeleine prit ses mains dans les siennes, et lui murmura de ces paroles qui, sans consoler, ôtent du moins à la douleur un peu de son amertume.

« Après une bonne visite de deux heures, quand les braves gens furent partis en promettant de revenir, M. Capron dit à son élève :

« Mon cher ami, voici plusieurs jours que votre

« bureau chôme et qu'un surnuméraire vous y
« remplace. Non seulement il faut au plus tôt re-
« prendre vos travaux habituels, mais encore songer
« à l'avenir, et à vous assurer de droit une place
« dont, depuis tant d'années, vous remplissez seul,
« de fait, les fonctions. J'ai de bonnes relations
« avec le directeur des contributions indirectes,
« botaniste, du reste, d'assez mince valeur. Demain
« de grand matin, nous irons le voir ensemble, et
« nous lui demanderons pour vous la survivance
« de votre oncle. Une fois cette survivance obtenue,
« nous parlerons d'autre chose. J'ai dans l'idée que
« vous m'en croirez quand je vous dirai qu'il faut
« penser à vous marier. »

« Là-dessus, sans attendre la réponse de Jean-
Baptiste, il sortit brusquement.

« Le lendemain, il trouva son protégé en grand
deuil et prêt à l'accompagner.

« Jean-Baptiste n'était déjà plus le même homme.

« Dieu sait, — et M. Capron le savait aussi —
quelles nouvelles pensées avaient tout à coup fait
naître, chez le pauvre garçon, les dernières paroles dites la veille par le pharmacien. A travers
les crêpes de sa douleur, la vie lui était subitement
apparue, dans un avenir prochain, calme et riante.
L'amour de Marie-Madeleine, une famille, des enfants qui s'ébattaient au milieu du petit jardin! une
existence, obscure et médiocre sans doute, mais
entourée de tant d'ineffables joies qu'elle vaudrait
mieux que les richesses! C'était à n'en point dormir,
et il n'en dormit guère. Toute la nuit, ces idées bé-
nies tournoyèrent à son chevet; s'il s'assoupit

quelques instants, ce fut pour les retrouver en rêve.

« Le cœur, non seulement plein d'espoir, mais encore de sécurité, Jean-Baptiste accompagna M. Capron chez le directeur des contributions indirectes.

« Toutefois, en passant devant l'atelier du menuisier, il se pencha vers Marie-Madeleine, et lui murmura tout bas à l'oreille :

« Je vais demander la survivance de la place de
« receveur : Dieu veuille que je l'obtienne ! Priez-
« le bien, il y va de mon bonheur ! »

« Le visage de la jeune fille rayonna de joie, et M. Capron, qui avait feint de ne rien entendre, se frotta gaiement les mains.

« Pauvres enfants, comme ils s'aiment ! se dit-il
« *in petto*, et comme ils vont être heureux... si je
« réussis ! »

« Le cœur de Jean-Baptiste battit bien un peu quand il se trouva face à face avec la grande et froide figure de son chef suprême, mais il sentit le calme renaître en lui dès les premières paroles de M. Capron et surtout dès le sourire qu'elles amenèrent sur les lèvres du fonctionnaire.

« Mon cher monsieur, dit le pharmacien, permet-
« tez-moi de vous présenter un de mes amis, M. Ra-
« parlier. Vous le savez, je me pique de botanique,
« mais ce garçon-là, depuis seulement quelques
« mois qu'il a ouvert Linné, m'a laissé de bien loin
« derrière lui. Il se meurt d'envie de visiter votre
« jardin et vos serres, les plus belles sans con-
« tredit du département.

« — Je les lui montrerai bien volontiers, répondit

« le directeur tout à fait humanisé. Veuillez m'ac-
« compagner; je vais vous faire les honneurs de
« ma fort modeste collection de plantes exotiques. »

« Il prononça toutefois le mot *modeste* de manière
à lui donner la valeur du mot *incomparable*, et il
emmena M. Capron et son protégé dans une serre
semblable à celles que possèdent la plupart des
bourgeois aisés du nord de la France.

« Le pharmacien s'évertua à mettre en évidence
et à faire valoir son élève. Celui-ci, tenu en éveil
par le sentiment de l'intérêt personnel, commit avec
un aplomb imperturbable, à l'égard du directeur et
ses fleurs, mille petites flagorneries qu'il traitait
tout bas de lâchetés, mais moins à chaque instant.
Le directeur était évidemment charmé.

« Voilà un savant d'un vrai mérite! dit-il à
« M. Capron tout bas, mais assez haut cependant
« pour que Jean-Baptiste l'entendît.

« — Vous avez raison! répliqua le bonhomme.
« Vos paroles m'enhardissent à solliciter pour lui,
« je ne dirai pas une faveur, mais un droit. M. Ra-
« parlier est le neveu de M. Watteriau, le receveur
« des contributions indirectes, qui vient de mourir.
« Depuis six ans, M. Raparlier remplissait seul les
« fonctions d'une place que son vieil oncle ne pou-
« vait plus desservir. Accordez la survivance de la
« place à ce charmant garçon. »

« A mesure que M. Capron parlait, la physionomie du directeur passait du plaisant au sévère;
l'horticulteur disparaissait pour ne plus laisser voir
que le fonctionnaire.

« Vous comprendrez ma contrariété, dit-il, quand

« vous saurez que M. Raparlier, n'étant pas même
« surnuméraire de l'administration, ne saurait ob-
« tenir les fonctions que vous sollicitez pour lui.
« D'ailleurs, je les ai conférées hier à un autre.
« Cependant j'éprouve si vivement le désir de vous
« être agréable, que, dût ma responsabilité en souf-
« frir, je le maintiendrai dans l'emploi d'auxiliaire
« qu'il exerce. Peut-être même le ferai-je admettre
« plus tard au surnumérariat. Ensuite nous ver-
« rons ! »

« Jean-Baptiste écoutait ces paroles avec quelque
chose des sensations du condamné qui entend un
président de cour d'assises lire son arrêt de mort.
Il salua silencieusement, et, se soutenant à peine,
il sortit, sans même serrer la main à M. Capron,
tout décontenancé.

« Il marcha longtemps sans savoir où il allait. Ce
ne fut qu'une bonne demi-heure après qu'il s'aperçut
qu'il parcourait à grands pas les remparts de la
ville. On ne choit point impunément du ciel sur la
terre ; le malheureux était tombé bien plus bas encore. Il gisait au fond d'un abîme, où il ne pouvait
que s'enfoncer davantage. Adieu à l'amour, à la famille, à l'aisance ! La misère se tenait devant lui,
inexorable, glacée, et à toujours !

« Dans un accès de désespoir, il sauta sur le parapet ; il s'arrêta court en face de l'effrayant précipice des fossés, dans lequel il plongea un regard
désespéré.

« Monsieur Raparlier ! monsieur Jean-Baptiste !
« lui cria une petite voix fêlée et essoufflée ; où
« diable sautez-vous donc ainsi ? Voici une demi-

« heure que je vous hèle et que je cours après
« vous! Descendez, que je vous parle! »

« A cet appel, répété plusieurs fois, Jean-Baptiste
se retourna et vit le notaire, M. Doremus, qui soufflait et qui s'essuyait le front.

« Ah çà! demanda ce dernier, êtes-vous fou,
« sourd ou atteint de la danse de Saint-Guy? Je
« m'égosille depuis une heure à vous appeler, et
« vous sautez sur le parapet, d'un seul bond, comme
« un saltimbanque de profession! Dieu veuille que
« je n'en sois pas malade demain! Me voici tout en
« sueur! Aussi vais-je rentrer chez moi, à l'instant,
« et de mon plus vite. Je sens que je m'enrhume.
« Pourquoi n'êtes-vous point venu me voir depuis le
« décès de votre pauvre oncle? Vous le savez pour-
« tant bien, nous avons besoin de causer ensemble.

« — Au sujet des rôles et des écritures que mon
« oncle faisait pour ,vous, n'est-ce pas, monsieur?
« Dès ce soir, je vous les porterai. »

« Le notaire leva sur lui deux yeux naturellement
effarés. Pour mieux le regarder, il ôta ses besicles,
en frotta les verres et les replaça sur son nez.

« En ce moment, le vent souffla de bise plus violemment : il pénétra même quelque peu à travers la
douillette ouatée du petit homme, qui, en maniant
ses besicles, venait d'entr'ouvrir cette douillette.

« — Que le diable vous confonde! dit-il. Vous
« avez l'air de ne pas me comprendre. Le chose est
« bien simple cependant. M. Watteriau vous a in-
« stitué son légataire universel, et il faut que je
« vous remette les titres qui composent l'héritage
« qui vous échoit.

4.

« — Pauvre oncle! soupira Jean-Baptiste. Je ne
« pourrai pas longtemps garder la maisonnette dans
« laquelle il a rendu son âme à Dieu, et où j'eusse
« tant voulu mourir moi-même! Figurez-vous, mon-
« sieur Doremus, que je n'ai aucun espoir de lui
« succéder dans ses fonctions de receveur des con-
« tributions indirectes!

« — Mon garçon, reprit le notaire, assurément
« j'attraperai une fluxion de poitrine à vous écouter
« plus longtemps. Je me sens gelé des pieds à la
« tête, et même je commence à tousser. — A de-
« main, à huit heures. »

« Et, hâtant le pas plus prestement qu'on n'aurait
pu l'attendre d'un homme d'un si grand âge, il se
dirigea vers son étude, où l'attendaient un bon feu
et les soins d'une excellente nièce, qui le dorlotait
comme jamais oncle ne fut dorloté.

« Jean-Baptiste ne rentra chez lui qu'à la nuit
close. Il refusa de souper, — comme l'avait fait
M. Watteriau le soir de sa mort, — ainsi que le dit
tout bas la pauvre Marthe, qui versa de nouveaux
déluges de larmes.

« Ce soir-là, la famille Watremetz attendit vainement Raparlier. Marie-Madeleine, elle aussi, n'avait
point laissé que de bâtir des châteaux en Espagne.
L'absence de Jean-Baptiste les détruisait de fond
en comble. Elle se prit donc à pleurer amèrement,
quand, une fois enfermée dans sa petite chambre,
elle put s'abandonner sans témoin aux tristes pressentiments qui l'obsédaient, pressentiments qui suc-
cédaient à tant de joyeuses espérances, inspirées,
par les paroles que Jean-Baptiste lui avait dites, le

matin, au moment où il se rendait chez le directeur des contributions.

« On lui a refusé la place ! répétait-elle avec
« désespoir. Seigneur, ayez pitié de nous ! — de
« M. Raparlier surtout ! »

« Le lendemain, à huit heures, Jean-Baptiste,
après avoir mis sous son bras tous les papiers qu'il
avait trouvés dans la petite armoire de son oncle,
se rendit chez M. Doremus.

« Celui-ci l'attendait, assis devant un grand bureau. Sa figure ratatinée, mais fine et honnête, ses
cheveux poudrés à frimas, sa petite queue qui allait
et venait sur le collet d'une robe de chambre en
soie ramagée, et les deux vastes pantoufles fourrées
qui contenaient ses pieds, un peu gonflés d'habitude
par la goutte, s'encadraient pittoresquement dans
la grande pièce encombrée de cartons étiquetés.
La plupart de ces cartons ventrus se bombaient et
crevaient, tant il s'y trouvait entassés de dossiers
de toute nature.

« Le notaire salua le jeune homme, lui offrit un
fauteuil à côté du sien, sonna un de ses clercs, et
dit d'une voix magistrale : « Prenez le carton W,
« extrayez-en le dossier Watterian (Samuel-François), mettez-le sur mon bureau, et que personne
« n'entre dans mon cabinet avant que je sonne
« de nouveau ; personne, fût-ce monsieur le sous-
« préfet ! »

« M. Doremus prononça le nom du fonctionnaire
avec autant d'emphase respectueuse qu'en eût mis
un huissier de la cour pour annoncer : Le roi, messieurs !

« Quand le clerc eut laissé seuls l'homme d'affaires et son client, le premier feuilleta les liasses de papiers qu'il venait de demander, en examina une à une chaque page, et se prit à tousser pour s'éclaircir la voix.

« Décidément, dit-il, je me suis enrhumé hier, et « vous en êtes cause, monsieur Raparlier. »

« Puis il reprit, après s'être mouché et avoir longuement expectoré :

« Voici le testament de votre oncle Samuel-« François Watteriau, de son vivant receveur des « contributions indirectes en la ville de Cam-« brai, etc. Il vous institue son légataire universel. « Voici encore tous les titres qui concernent ses « propriétés. Veuillez en connaitre la teneur.

« — Monsieur, répliqua celui à qui s'adressaient « ces paroles, je vous l'ai dit, je sais parfaitement « à quoi m'en tenir sur l'héritage d'un employé à « dix-huit cents francs : une pauvre petite maison « rue des Ratelots et quelques minces économies, « voilà tout ! Que mon oncle n'en soit pas moins « béni pour le bien qu'il me fait et pour le peu qu'il « a pu me laisser !

« — Ah çà ! vous moquez-vous de moi, ou réel-« lement ne connaissez-vous pas quelle fortune « vous lègue votre oncle ? s'écria le notaire, dont « la patience n'était pas la première vertu. Écoutez-« moi donc une bonne fois, peut-être finirez-vous « par me comprendre. Votre oncle a hérité, en 1793, « de soixante-dix mille francs. Avec cette somme, « il a fait l'acquisition de biens nationaux payés à « vil prix, en assignats, qui lui ont rapporté des

« intérêts considérables; plus tard, il a vendu ces
« immeubles, dont la valeur avait quadruplé.

« En 1814, quand les rentes sur l'État se payaient
« à peine quelques francs, il s'en est procuré pour
« tout l'argent comptant qu'il avait en caisse, et il
« en avait beaucoup. Aux rentes ont succédé des
« achats considérables d'actions de mines de char-
« bon, rapportant aujourd'hui cent pour cent. Ja-
« mais il n'a dépensé un sou de tout cela ; son bon-
« heur consistait à voir sans cesse s'accroître, dans
« des proportions gigantesques, une fortune, son
« ouvrage, qui s'élève aujourd'hui, comme vous
« pouvez le vérifier, à dix-huit cent mille francs. »

« Jean-Baptiste, hébété, regardait le notaire sans
le comprendre.

« Un million huit cent mille francs ! répéta celui-
« ci en élevant encore plus la voix ; quelque chose
« comme quatre-vingt mille livres de rente. »

« Jean-Baptiste, qui comprenait enfin, se prit à
pleurer et à rire à la fois ; puis, quand il eut un peu
repris ses sens :

« — Monsieur le notaire, dit-il, je vous en sup-
« plie, que personne que vous et moi ne sache ce
« que vous venez de m'apprendre.

« — Ma profession me fait un devoir d'être dis-
« cret, et j'en ai depuis longtemps l'habitude, re-
« partit le notaire.

« — Merci, monsieur, au revoir.

« — Ne voulez-vous pas d'argent ?

« — Bien obligé, je n'en ai pas besoin. »

« En achevant ces mots, il sortit, chancelant
comme un homme ivre.

« Il ne lui fallut pas moins d'une heure passée en plein air, dans la campagne, pour reprendre complètement ses sens. Une fois maître de lui, et un peu plus calme, il revint en ville et se dirigea vers le logis de maître Nicolas.

« Ce dernier se trouvait seul dans l'atelier. Jacques travaillait en ville, Louise était à l'école, Marie-Madeleine n'occupait point sa place habituelle.

« — Mon vieil ami, dit Jean-Baptiste en tendant « la main à l'ouvrier, voulez-vous devenir mon « père? »

« Nicolas le regarda avec stupéfaction.

« — Voulez-vous me donner votre fille en ma- « riage? »

« Le menuisier ôta machinalement sa casquette.

« — Moi! moi! balbutia-t-il. Un pareil bonheur... « Vous voulez donc que je meure de joie? »

« En ce moment et tandis que, vivement émus tous les deux, ils s'embrassaient, Marie-Madeleine, qui revenait de puiser de l'eau, rentra ; d'un regard elle comprit ce qui se passait; le seau lui échappa des mains, et elle se jeta dans les bras de son fiancé.

« — Jean-Baptiste, je vous aime depuis le premier jour où je vous ai vu ! s'écria-t-elle.

« Confuse et heureuse, tout ensemble, de cet aveu, qui, tant de fois, était venu sur ses lèvres sans s'en échapper, elle cacha son visage dans le sein de l'heureux Raparlier.

« A six mois de là, Marthe lavait du haut en bas la petite maison de la rue des Ratclots, Nicolas appliquait sur les murs des mansardes de nouveaux papiers peints, et installait les meubles qu'il avait façonnés de ses mains pour le jeune ménage. Quant à l'étage inférieur, Jean-Baptiste ne permit point qu'on y changeât la plus petite chose.

« Il faut laisser cela comme du temps de mon « oncle, » dit-il.

« Le mariage suivit de près ces arrangements ; on le célébra le matin, sans bruit, dans l'église paroissiale, M. Capron et M. Doremus servirent de témoins à Jean-Baptiste, et deux confrères de Nicolas à Marie-Madeleine. Louise était charmante en demoiselle d'honneur : Watremetz et Jacques portaient à leurs boutonnières d'énormes bouquets avec des rubans ; la couronne et le bouquet de la mariée se composaient de fleurs d'oranger et de camélias blancs offerts par le pharmacien, et provenant de ses serres ; enfin le notaire voulut que le banquet nuptial eût lieu chez lui.

« Environ un an après, toute la petite ville se trouva mise en rumeur. M. Doremus avait écrit au bureau de bienfaisance pour lui annoncer qu'un donataire anonyme le chargeait de faire construire trois béguinages destinés à soixante-dix-huit vieillards des deux sexes, et qu'il donnait en outre une somme de deux cent mille francs pour approvisionner, à perpétuité, ces heureux pensionnaires, de pain, de viande, de charbon et de vêtements.

« Le même notaire s'enquit en outre secrètement de tous les pauvres honteux de la ville, leur vint efficacement en aide, et prévint, par des prêts importants, la faillite de cinq ou six petits marchands ; de cette façon, il les sauva de la ruine, et, qui mieux vaut encore du déshonneur. Enfin, un matin, il écrivit à Nicolas Wattremetz de passer chez lui.

« Mon maître, lui dit-il, votre gendre, qui voyage
« depuis trois mois avec sa femme, comme vous le
« savez, m'annonce qu'il est chargé de vous de-
« mander si vous voulez construire, à cinquante
« lieues d'ici, de vastes serres, dont un de ses amis
« a besoin. Vous taillerez à votre guise dans la
« besogne. Plans, dessins, constructions, tout se
« fera d'après vos idées et vos ordres. Quant à l'ar-
« gent, le propriétaire ne veut pas que vous dépen-
« siez moins de deux cent mille francs. Vous fixerez
« vous-même vos honoraires et ceux de votre fils.
« Cela vous va-t-il ?

« — Je le crois bien ! Quand faut-il partir ?

« — Le plus tôt possible, attendu que, les serres
« terminées, vous aurez à décorer en sculptures de
« bois de chêne une salle à manger grande six fois
« comme mon étude. Voici deux mille francs d'a-
« vance. Mettez-vous en route dès demain, si vous
« le pouvez. Le propriétaire a grande hâte de vous
« voir à l'œuvre. »

« De son côté, Marie-Madeleine avait écrit à
Marthe pour lui dire qu'elle avait absolument besoin
d'entendre parler le patois de sa ville natale, et
qu'elle la priait d'accompagner son père et son frère,
attendu qu'elle connaissait beaucoup le propriétaire
de la maison de campagne qui appelait ces derniers
pour entreprendre de grands et longs travaux. Elle
ajoutait qu'elle ne tarderait point elle-même à arriver dans cette maison, afin d'y passer l'été.

« Le cœur plein de joie, le surlendemain, Nicolas
et Jacques partirent avec Marthe.

« **A deux ans de là, M.** Capron reçut à son tour une lettre de Jean-Baptiste. Cette lettre lui annonçait que, **dans huit jours,** une berline irait le prendre à sa **porte pour** l'amener passer quelque temps près de **Marie-Madeleine.** Celle-ci l'attendait avec d'autant plus d'impatience, qu'elle comptait lui demander de tenir sur les fonts de baptême son premier-né, **un charmant** petit garçon qui devait porter le nom de son grand-oncle Samuel et celui de son parrain.

« **M. Capron** accepta d'autant plus volontiers qu'il se trouvait complètement libre. Il venait, non sans regret, de céder sa pharmacie à un de ses anciens élèves. Il monta donc, au jour indiqué, dans la berline, attelée de quatre chevaux de poste. Il croyait rêver ; ce qui ne l'empêcha pas de faire toutes sortes de politesses à un grand monsieur vêtu de noir, d'une complaisance accomplie, de manière réservées, et qu'un peu tardivement il constata être un valet de chambre. Cette découverte eut lieu quand il le vit prendre place sur le siège de la voiture, payer les postillons et les exhorter à la vitesse. Or, comme une pièce d'or accompagnait chacune de ces exhortations, la berline volait plutôt qu'elle ne courait.

« **Elle s'arrêta** cependant le lendemain matin, vers neuf heures, devant la grille d'un parc immense. Quand je dis qu'elle s'arrêta, j'ai presque tort. A peine eut-on ouvert la porte de cette grille, que les chevaux prirent un galop effréné, qui ne cessa qu'à l'arrivée des voyageurs au pied du perron d'un château bâti en plein milieu du parc.

« Sur ce perron se tenaient quelques personnes, parmi lesquelles l'heureux pharmacien reconnut du premier coup d'œil maître Watremetz, Jean-Baptiste, Louise, dans un charmant costume du matin, et, enfin, la vieille Marthe parée de ses plus beaux atours des dimanches et portant un petit enfant. Quant à la jeune femme qui s'appuyait sur l'épaule de M. Raparlier, M. Capron hésita quelque moment avant de retrouver en elle la fille du menuisier. Trois années avaient suffi pour donner à la beauté de Marie-Madeleine une telle distinction, qu'elle faillit presque imposer au vieillard.

« Ce fut pourtant Mme Raparlier qui, la première, s'élança du perron, passa ses bras autour du cou de l'excellent homme, le baisa sur ses deux bonnes joues et lui souhaita la bienvenue.

« Vite ! dit-elle, embrassez mon mari, mon père
« et Louise, pour que vous puissiez ensuite en faire
« autant à votre filleul. »

« En disant cela, elle l'entraînait vers l'enfant, qui sembla sourire à son parrain, tandis que Marthe faisait à son ancienne connaissance une profonde révérence.

« M. Capron tira son mouchoir et s'essuya les yeux.

« Pardon ! s'écria-t-il, laissez-moi pleurer à mon
« aise ! On ne pleure pas deux fois en sa vie de
« cette façon-là, comme le dit Figaro. (M. Capron
« savait sur le bout de ses ongles la littérature du
« dix-huitième siècle). Me voici donc, et vous
« aussi, plus heureux que je n'aurais jamais osé
« l'espérer dans mes rêves les plus insensés ! Ah ça,

« mon cher ami, vous êtes donc riche à millions ?

« — Je possède du moins un trésor inappréciable,
« répondit en riant M. Raparlier, qui tendit la main
« à sa femme.

« — Et encore quelques autres millions qui ne
« gâtent rien ! ajouta gaiement M. Capron... Mais il
« manque quelqu'un ici... Cet espiègle de Jacques ?

« — Jacques est devenu en peu de temps un ingé-
« nieur distingué, qui dirige l'exploitation de mes
« mines de charbon. Vous le verrez tout à l'heure.

« — Des mines ! Que me dites-vous là ? des mines !

« — Des mines d'une richesse fabuleuse, qui
« gisentp resque à fleur du sol dans cette propriété,
« dont je ne soupçonnais pas l'existence, que j'ai
« découvertes par hasard, et qui me rapportent
« trois à quatre cent mille francs par an. Leurs
« produits, je l'espère, doubleront de valeur avant
« peu. »

« M. Capron jeta son chapeau en l'air par un
mouvement de gaieté presque juvénile.

« Le temps est loin, mon digne ami, continua
« M. Raparlier, où j'étais trop pauvre pour acheter
« un Linné... Mais nous recauserons de tout cela
« plus tard. Voici votre appartement ; mon valet de
« chambre, qui vous a amené, est à vos ordres, et
« restera désormais affecté exclusivement à votre
« service. Il sait raser mieux que le père Noreux,
« votre barbier de prédilection. Reposez-vous donc
« bien. Dormez quelques bonnes heures. A midi
« nous déjeunerons, et ensuite nous visiterons mes
« serres.

« — Vos serres ! Je vous le dis franchement, ce

« mot-là m'a tout à fait reposé. D'ailleurs, j'avoue
« que, la plus grande partie de la nuit, j'ai dormi
« dans votre excellente voiture, mieux que je ne
« l'eusse encore fait dans le meilleur des lits.
« Allons visiter les serres. »

« Avant même de prononcer ces derniers mots,
il avait passé son bras sous le bras de M. Raparlier.

« Vous êtes seigneur suzerain en ces lieux, dit
« Marie-Madeleine de sa douce voix. Chacun s'esti-
« mera toujours heureux d'obéir à vos moindres
« volontés. »

« Pendant qu'elle parlait ainsi, son mari ouvrait
la porte du salon, dont les fenêtres donnaient sur
les serres.

« A une époque où l'on ne se servait guère de fer
pour les constructions, ces serres ne formaient qu'un
immense palais, vraiment magique, de fer et de
verre. Non seulement les fleurs les plus rares s'y
trouvaient cultivées à grands frais, non seulement
un vaste aquarium y regorgeait de plantes exotiques que le vieux botaniste connaissait à peine
même de nom, mais encore des oiseaux venus de
toutes les parties du monde y vivaient en liberté.
La plupart d'entre eux voletaient autour de Louise
et de Mme Raparlier, se posaient sur leurs bras,
et prodiguaient à toutes deux des caresses; caresses
intéressées, disons-le bien bas, car Mme Raparlier et sa sœur leur jetaient à pleines mains toutes sortes de graines.

« M. Capron allait d'arbuste en arbuste, de fleur
en fleur, avec une joie, avec un enthousiasme indes-

criptibles. Il s'agenouillait devant certains plantes pour mieux les contempler, et cependant il eût voulu les voir toutes à la fois.

« Ah! s'écria-t-il, voici le charmant latanier de
« Commerson, *latania Commersoni*, de l'île Bour-
« bon; jamais je ne l'avais vu qu'en gravure. Sei-
« gneur! à côté de lui, n'est-ce pas le *Carludovica*
« *palmata* du Pérou, avec lequel on fabrique les
« chapeaux de Panama ? Salut à l'*arbre à vache*,
« le *galactodendron utile*, qui donne un si bon lait
« végétal! et là, au-dessus de ma tête, j'aperçois
« le *saccolabium* de l'Inde orientale ; comme ses
« fleurs pendent en belles grappes roses! Je n'avais
« jamais vu cette autre orchidée, avec de longues
« barbes au périanthe.

« — C'est l'*uropedium Lindenii* de la Nouvelle-
« Grenade, répondit Louise. Quant au myrte, dont
« les grandes feuilles d'un vert si luisant s'étalent
« sous l'*uropedium*, on le nomme *Barringtoma*
« *speciosa*, et il provient de Madagascar.

« — Cette enfant en sait plus que moi, vraiment !
« Je reconnais bien là dans l'aquarium des *nym-
« phéacées*, mais les nommer, c'est une autre
« affaire ! Jamais je n'en ai lu dans mes livres de
« botanique, même la moindre description.

« — L'*euryale ferox*, reprit la jeune fille en riant,
« celui dont les belles feuilles si larges sont roses
« en dessous, nous est arrivé, l'automne dernier,
« des Indes orientales, et nous avons reçu à peu
« près en même temps la *nymphæa gigantea* de la
« Nouvelle-Hollande. De quel admirable bleu sont
« ses fleurs, n'est-ce pas ?

« — Ah ! s'écria le botaniste enthousiasmé, il
« faudrait ne jamais quitter ce paradis terrestre. Je
« voudrais y vivre et y mourir !

« — Nous espérons bien que vous y vivrez de
« longues années, ajouta la jeune femme. Le par-
« rain de mon fils ne peut se séparer de son filleul.
« Mon aumônier me l'a dit : un parrain a charge
« d'âme... N'est-ce pas, cher bienfaiteur du pauvre
« Jean-Baptiste, cher maître à qui nous devons,
« lui et moi, l'amour de la science et des fleurs,
« n'est-ce pas que vous ne quitterez jamais votre
« filleul ? N'est-ce pas que vous vivrez toujours
« près de nous ?

« — Taisez-vous ! par pitié ! ou je vais mourir
« de joie sous vos yeux ! » répondit le vieillard en
prenant les mains de la jeune femme et en les cou-
vrant de baisers.

CHAPITRE VI

APPARITION SPONTANÉE DE VÉGÉTAUX

M. Raparlier venait de terminer son récit, quand
un jeune garçon entra timidement dans le salon, et
vint embrasser M. Bogaërts. Puis se tournant avec
timidité vers le membre de l'Institut, il le salua
respectueusement.

— Monsieur, dit-il, Tréa vient de m'apprendre
que j'allais avoir l'honneur de vous voir. Je suis
heureux de cet honneur, puisque vous êtes le meilleur ami du père que Dieu a donné à deux pauvres orphelins, et puisque vous êtes l'auteur du
petit traité de botanique que je sais par cœur ou
peu s'en faut.

— Tu es donc aussi un botaniste!

— Et un botaniste plus savant que vous seriez
porté à le croire, interrompit M. Bogaërts. Il connaît, aussi bien que moi, les caractères des végétaux, leurs familles, leurs classifications. Si le cœur
vous en dit, interrogez-le, voici mon herbier.

— Mon cher Bogaërts, répliqua, après un moment
de silence, M. Raparlier, qui n'avait pas cessé de

tenir ses regards attachés sur Norbert. J'aimerais, quant à présent, mieux voir ces enfants jouer à la balle, courir et respirer l'air à pleins poumons, que de pâlir sur des livres, fût-ce des livres de botanique et quand même j'en serais l'auteur. Donnez-moi votre main, Norbert, laissez-moi tâter votre pouls, laissez-moi placer mon oreille sur vos épaules. Nous avons un peu de fièvre. Allons, faites-moi, avec votre jolie petite sœur, un temps de galop, nous recauserons après le dîner.

Les deux enfants sortirent et M. Raparlier reprit :

— Vous ne voyez donc pas que le travail achève d'user cette frêle nature épuisée déjà par les privations, les souffrances et les angoisses qu'il a subies naguère, comme vous me le racontiez tout à l'heure pendant notre promenade. Il est plus hâtif que les autres enfants de son âge ; son teint est pâle, ses yeux ternes, cernés, ardents et fiévreux. Prenez-y garde ! On ne surmène pas impunément des petites natures nerveuses et fragiles ! Il faut que Norbert change de régime, il faut le soustraire aux études assujettissantes du collège, études qui vont pas à pas, et qui, si elles conviennent à la masse des écoliers ordinaires, irritent et surmènent les organisations supérieures et impatientes du but, vers lequel on les conduit trop lentement. En un an, et sans le fatiguer, on lui en apprendra plus qu'il n'en rapportera de quatre années de collège. En un mot, il faut qu'il ait un précepteur et non des professeurs ; il faut qu'il courre la compagne, qu'il monte à cheval et que le corps se développe, en même temps que l'intelligence.

M. Raparlier s'interrompit tout à coup pour regarder une plante qu'il aperçut dans l'herbier.

— Où a-t-on trouvé cette plante? demanda-t-il avec surprise.

— C'est sans doute Norbert qui l'a rapportée comme il le fait souvent. Il l'aura récoltée en revenant du collège.

— Au fond d'un petit fossé desséché, monsieur, répondit l'enfant qui venait de rentrer.

— Mais c'est un phytolaque dioïque. Un végétal du Brésil que l'on trouve il est vrai à Séville! Non, il n'y a pas à en douter, c'est un phytolaque petit, rabougri, qui atteint à peine trente centimètres, mais qui, sur les bords du Guadalquivir, s'élèverait à plus d'un mètre. Et ce qu'il y a de plus déconcertant, c'est qu'il s'apprêtait à fleurir!

« Voyons, Norbert, puisque tu lis des traités de botanique, définis-moi le caractère de cet avorton. »

L'enfant prit la plante, l'examina avec attention et dit:

— Elle appartient à la décandrie des chénopédées, c'est-à-dire pieds d'oie. C'est une plante herbacée à la feuille entière et à teinte de laque.

— Très bien, et tu comprends comme moi que ces caractères appartiennent sans conteste à la phytolaque? Mais comment cette graine est-elle venue tomber dans ce fossé desséché dont tu parles? Est-ce le vent? Est-ce la neige qui se sont chargés de ce transport mystérieux? Est-ce une échappée de quelque serre? ou arrive-t-elle d'Espagne?

Il se passe chaque jour sous nos yeux des phénomènes aussi inexplicables, véritables défis de la
nature à la science, et qui déconcertent toutes les
idées reçues.

« Ainsi, M. Mohl raconte que les travaux du
chemin de fer de Tubingue, dans le Wurtemberg,
nécessitèrent, pour fournir des matériaux à un
remblai, l'enlèvement de deux à trois pieds de terre
sur une étendue assez considérable, et qu'on ense-
mença de luzerne le sous-sol ainsi mis à nu. La
luzerne n'y poussa que fort mal; mais, en revanche, le terrain s'y couvrit peu à peu, sur une étendue
de plusieurs hectares, de *résédas des boues*, qui
ne tardèrent point à former un tapis de verdure
des plus serrés et à étouffer toute autre végétation.
Par un second phénomène, également étrange et
tout aussi incompréhensible, deux ans après il
restait à peine quelques tiges malingres du réséda
des boues, et la luzerne, reprenant sa revanche,
foisonnait seule partout d'une façon triomphante.

« D'autre part, en 1865, on construisit, toujours
près de Tubingue, une chaussée dont toutes les
pierres et les revêtements des talus se couvrirent
instantanément de *conium maculatum*, végétal ex-
cessivement rare jusqu'alors dans la contrée.

« Le *conium maculatum* est la ciguë à fleurs
blanches et à tige tachetée qui exhale une odeur
vireuse et nauséabonde, qu'on emploie comme mé-
dicament, qui constitue un poison violent dans les
pays chauds et qui ne conserve dans les pays tem-
pérés qu'une partie de ses propriétés dangereuses.
Elle fleurit en juillet aux environs de Paris, où elle

affectionne les lieux humides et où elle enfonce profondément ses racines blanches, perpendiculaires et en forme de fuseau.

« De son côté, M. Meissner a observé en Suisse, au Jardin botanique de Bâle, sur sept pieds d'*azalées papyrifères* originaires de l'Amérique septentrionale, et dont le plus jeune comptait au moins deux ans, l'apparition presque instantanée d'une nouvelle espèce d'*orobanche*. On se demande, — et il n'est point facile de répondre à la question, — comment ce parasite inconnu a pu tout à coup éclore et se développer sur des plantes étrangères, cultivées depuis longtemps et pour ainsi dire domestiquées dans l'établissement suisse.

« On cultive dans nos jardins plusieurs espèces d'azalées dont la plus connue est l'*angélique épineuse*, qui doit son nom aux épines acérées dont sont armées ses feuilles, sans doute pour protéger les fleurs blanches de sa haute tige.

« L'azalée papyrifère n'a point d'épines.

« Quant au parasite, l'orobanche vulgaire, il se caractérise par une tige charnue garnie, au lieu de feuilles, d'écailles rougeâtres, bleues ou jaunes, à grandes fleurs réunies en épis. D'après le botaniste Vaucher, leurs graines resteraient longtemps inertes dans le sol; mais en revanche dès que la pluie les entraînerait vers une plante, elles s'y attacheraient aux racines, y germeraient et ne tarderaient point à former dessus une sorte de tubercule hérissé d'où sort l'orobanche complet, au grand détriment du pauvre végétal qu'il épuise.

« D'après d'autres botanistes, l'orobanche ne serait point un parasite, mais un épihyte, c'est-à-dire qu'il ne s'alimenterait point aux dépens des végétaux, qu'il les prendrait seulement pour point d'appui et qu'il tirerait sa nourriture du sol, où adhérerait son radicule à l'aide de huit à dix fibres. Il ne ferait donc que diminuer la portion de sucs nutritifs de ses victimes et les mettre à la portion congrue. Sous ce rapport, pendant les années sèches, l'orobanche cause de sérieux dommages à ses voisins.

« S'il faut encore en croire une tradition botanique, la *vergerette*, qu'on appelle aussi *erigeron canadense*, aurait été apportée en Europe au dix-huitième siècle, dans un sac à tabac en peau de castor. Un soldat ivre, arrivant du nouveau monde, aurait laissé choir ce sac au sortir d'un cabaret dans la plaine Saint-Denis.

« La croisette ne se rencontre également aux environs de Paris que depuis deux cents ans environ. Cette espèce de gentiane à tige robuste, velue et courbée, aux feuilles en forme de fer de lance et à corolle à quatre divisions qui exhale une forte odeur de pain d'épice, était, assure-t-on, inconnue avant cette époque. Ce qu'il y a de certain, c'est que les livres nombreux du seizième siècle, et Olivier de Serres lui-même, qui énumère toutes nos plantes indigènes avec une exactitude méticuleuse, n'en font aucune mention.

« Tournefort avait voulu dédier la croisette à Sébastien Vaillant et l'appeler *Vaillantiana quatrifolia*, mais Vaillant déclina cet honneur, malgré les termes honorables de cette dédicace que voici:

« M. Tournefort, voulant marquer à M. Vaillant
« l'estime qu'il fait de son mérite et de sa capacité
« dans la botanique, désire donner le nom de ce
« savant botaniste à un genre de plantes qu'il ap-
« pelle *Vaillantia quatrifolia verticillata*, récem-
« ment colligée et étudiée, et propose de la faire
« insérer sous ce nom dans les *Mémoires de l'Aca-
« démie royale des sciences* de l'année 1706. Ce
« genre de plantes portera ainsi le nom d'un des
« plus grands botanistes de notre siècle. »

« Vaillant, que prisait tant Tournefort, était un
original de premier ordre. Pour pouvoir se mettre
à la besogne de bon matin et travailler à son *Botanicon parisiense*, il plaçait, la nuit, sous sa tête, en
guise d'oreiller, un gros soufflet garni d'un large
clou de cuivre relevé en bosse, qui présentait assez
peu de stabilité et lui causait assez de malaise pour
l'éveiller plusieurs fois pendant la nuit et pour l'obliger à quitter brusquement son lit au point du jour.

« C'est à Vaillant qu'on doit l'idée des serres *avec
des poêles* pour y élever les plantes des pays chauds,
idée que, grâce au crédit du médecin de Louis XIV,
Fagon, il put réaliser, à l'admiration des bourgeois
de Paris. Son herbier des plantes françaises a été
longtemps conservé et se conserve sans doute encore dans les collections du Muséum de Paris. Son
Botanicon parisiense ou *Dénombrement par ordre
alphabétique des plantes qui se trouvent aux environs de Paris*, a été imprimé, non pas en France
et du vivant de l'auteur, mais après sa mort, à
Leyde, et ensuite à Amsterdam, par les soins de

Boerhaave, qui avait acquis tous les manuscrits du célèbre botaniste.

« Pour terminer ces merveilles du monde botanique, ajoutons qu'on raconte du plantain un phénomène des plus surprenants et qu'attestent les témoignages unanimes des colons qui s'établissent dans l'Amérique du Nord. Ils ne trouvent à leur arrivée aucune trace de cette plante, mais à peine commencent-ils leurs premiers travaux d'installation, que le plantain apparaît de toutes parts à profusion et montre ses feuilles étalées en rosette et ses petites fleurs groupées en épis ovoïdes sur un long pédoncule.

« Ainsi : des végétaux étrangers à une contrée s'y montrent tout à coup et des cryptogames d'espèce nouvelle et inconnue apparaissent soudainement sur des plantes élevées en serres et y naissent sans qu'on puisse s'expliquer leur origine.

« Des phénomènes, aussi inexplicables, se produisent dans les étang de la Bresse et dans la région d'alluvions qui forme la lisière des montagnes du Jura.

« Ces étangs se trouvent tour à tour mis à sec ou remplis d'eau, soit par les torrents, soit par la spéculation agricole.

« A peine les eaux ont-elles disparu que la luxuriante végétation aquatique qui foisonnait à la surface des étangs disparaît sans laisser de trace, et que les plantes habituelles des prairies surgissent de toutes parts sur le sol.

« Or, il arrive souvent que ce sol est resté couvert par les eaux durant un demi-siècle !

« Ainsi, voilà des graines qui n'ont point subi d'altération pendant une longue période de temps, et dont la puissance végétative n'a rien perdu dans un milieu des plus opposés à leur nature !

« Le phénomène inverse survient quand, au contraire, par une cause quelconque, les eaux s'emparent de nouveau du lit duquel elles ont été chassées. Les plantes aquatiques, dont les semences restées exposées dans un terrain sec, durci par les gelées, brûlé par le soleil, remué en tous sens par la charrue, tantôt ramenées à la surface, remplacent en peu de jours leurs usurpatrices sans laisser de traces de celles-ci. Aux graminées et aux légumineuses succèdent les nymphéacées et les joncs. Les hôtes des rives eux-mêmes se transforment : les pâles et bleus *ne-m'oubliez-pas* se penchent et se mirent dans le cristal des étangs, là où l'on ne voyait que des primevères, des pissenlits, des foins de toute nature et même des champs de blé diaprés de bluets et de coquelicots.

« Dans les pays dont je vous parle, quand un étang est asséché, on le transforme, soit en prairies, soit en terres labourables, soit même en bois. Dans les deux premiers cas, les travaux agricoles, en bouleversant de mille façons la terre, sembleraient devoir anéantir totalement la propriété germinative des plantes qui autrefois y ont fleuri.

« Détrompez-vous! Que cinq ans, que vingt ans, que cent ans après, on ouvre un fossé d'assainissement, aussitôt ce fossé se couvre de plantes aquatiques. Et comme pour ne laisser aucun doute, pour attester que ces plantes sont bien réellement issues de graines qui dormaient là de temps immémorial, elles ne ressemblent en rien à celles de la contrée ; elles appartiennent à des espèces qu'on ne retrouve qu'à de grandes distances.

« Le fait a été encore souvent constaté par M. Eugène Michalet, dans plusieurs anciens étangs des cantons de Chaussin et de Chaumergy (Jura).

« Le *leonurus marrubiastrum*, dit-il, peu répandu
« d'ailleurs en France, manquait complètement aux
« environs de Chaussin, ainsi que dans tout l'ar-
« rondissement de Dôle. En 1858, j'en ai trouvé
« plusieurs pieds sur les talus et au fond d'un petit
« fossé d'assainissement creusé au milieu de la
« campagne. Je l'ai vainement cherché ailleurs, et
« même le semis que j'en avais fait pour le multi-
« plier a totalement manqué. Ces graines devaient
« donc se trouver là depuis un temps que je ne
« puis évaluer.

« La plupart de nos autres plantes stagnales
« pourraient donner lieu à des observations sem-
« blables.

« Nos nymphéacées sont dans le même cas. J'ai
« récolté, dans un fossé qu'on venait d'ouvrir au
« milieu du lit d'un ancien étang, un jeune pied de
« *nenufar luteum* encore muni à sa base de sa dé-
« licate et frêle coque séminale, qui n'avait été nul-
« lement altérée par un séjour de cinquante ans
« peut-être sous la tourbe humide

« Le *galium anglicum* était si rare aux environs
« de Chaussin, que je n'en avais pu trouver qu'un
« seul individu. Il y a cinq ans, un chemin fut établi
« sur le territoire de cette commune, et, pour

« l'empierrer, on prit du gravier dans une sablière
« creusée au milieu d'un champ stérile. Le *galium*
« apparut en grande quantité tout le long du che-
« min, aux places où l'on avait déposé ce gravier.
« En visitant la sablière, je l'y rencontrai égale-
« ment. Depuis, celle-ci a été abandonnée, et le
« *galium* a disparu de tous les lieux où il s'était
« montré si abondamment. Ce qu'il faut encore
« noter, c'est qu'il ne croissait que sur le côté de
« la route où étaient déposés les tas de graviers.
« Ainsi, la première année les tas étaient à gauche,
« et la seconde année à droite; la plante passa avec
« eux du côté gauche sur le côté droit. Il est donc
évident que les graines étaient mêlées au gra-
« vier; cela étant, elles doivent remonter à l'époque
« où s'est formé ce dépôt. Ce terrain, qui appar-
« tient à l'alluvion moderne de la vallée du Doubs,
« doit dater au moins de deux ou trois mille ans,
« car on a retrouvé, à peine à cent mètres de là,
« des sépultures gallo-romaines situées à la pro-
« fondeur ordinaire, ce qui prouve que le sol était
« déjà complètement affermi et sans doute cultivé
« en ces temps reculés. »

« Les *léonures* sont des plantes à tige haute de
trois pieds, fermes, cannelées et rameuses; leurs
feuilles, qui vont diminuant de grandeur du bas
au sommet de la plante, vertes en dessus, se
couvrent en dessous d'un léger duvet blanchâtre.
On retrouve ce même duvet sur la lèvre supérieure
et sur les étamines de leur fleur, d'un rouge clair;
ils exhalent une odeur forte, et ils laissent aux
doigts qui les pressent une saveur amère.

« Le *leonurus marrubiastrum* se distingue de ses congénères par sa taille plus petite et par l'absence du duvet qui caractérise leurs fleurs et le dessous de leurs feuilles.

« Au moyen âge, les léonures passaient pour posséder la propriété d'apaiser les battements de cœur, et même de guérir d'un amour malheureux.

« Jacques Coythier, médecin de Louis XI et de la princesse Jeanne, mariée au duc d'Orléans, qui depuis régna sous le nom de Louis XII, prescrivait les infusions de léonure à sa royale malade, « qui « n'en éprouvait guère d'adoucissement, » dit un chroniqueur contemporain. L'amertume du breuvage n'ôtait rien à l'amertume de sa douleur et de sa jalousie, car le beau duc d'Orléans n'avait jamais ni un regard bienveillant ni une douce parole pour l'épouse contrefaite et passionnément énamourée de lui. Walter Scott, dans *Quentin Durward*, a consacré un de ses délicieux chapitres à peindre les amours douloureuses de Jeanne.

« Quand, pour mettre le comble au martyre de sa femme, Louis XII, après la mort de Charles VIII, sollicita du pape la dissolution de son mariage et l'obtint, Jeanne se retira dans le Berry, y prit l'habit de l'ordre des *Annonciades*, ordre qu'elle avait fondé à Bourges, et mourut à l'âge de quarante et un ans.

« Elle ne cessa point un seul jour, au milieu de sa vie religieuse, de boire chaque matin l'amère potion de léonure que lui avait autrefois prescrite Jacques Coythier. « Si fort qu'on ait oublié, disait-« elle en souriant tristement, si fort qu'on se croie

« *garie*, il y a prudence à ne point se départir du
« remède. »

« Quant au gaillet (*galium*), une de ses espèces
passait, au contraire, pour un talisman auquel ne
pouvait résiter l'indifférence la plus glaciale.

« Un de ces petits livres de magie qu'on vend
encore sous le manteau dans nos campagnes, le
Dragon rouge, prône le gaillet comme un moyen
efficace de se faire aimer.

« Les légendes racontent, à l'appui de son asser-
tion, l'histoire suivante :

« Un jour, une jeune fille qui s'en allait aux
champs vit le long d'un pré, dans une haie et sur
le bord d'un chemin, une herbe haute de quarante
à cinquante centimètres, et à la feuillée d'un vert
luisant, qui se terminait par de nombreuses grappes
de petites fleurs jaunes, répandant une odeur de
miel très agréable et très forte. Elle en ceuillit, avec
certaines circonstances, un bouquet, et le mit dans
les plis de sa gorgerette.

« A quelques pas de là, elle fit rencontre d'un
riche laboureur qui, dès qu'il l'aperçut de loin, accourut en grand émoi vers elle et lui dit : « Jehanne,
« voulez-vous posséder des champs de quinze ar-
« pents, huit bœufs, quatre charrues et une ferme?
« Je vous demande en mariage ! »

« Jehanne lui répondit : « J'y songerai. » Et elle
passa son chemin.

« A un quart d'heure de là, ce fut un beau gendarme qui l'accosta avec ces paroles :

« — Ma mie, je possède un harnois complet,
« deux chevaux et quatre écuyers ; je fais rage à la

« guerre, et les seigneurs qui guerroient entre eux
« payent à prix d'or les services de mon épée. Mon-
« tez en croupe, et il y a un ermite que je connais à
« l'entrée de la montagne qui bénira notre hymen.

« Elle répondit : « J'y songerai, » et elle passa
son chemin. Au laboureur et au gendarme succédèrent un clerc, un médecin, un avocat, et enfin un
duc, qui offrit à Jehanne son château et sa couronne à huit fleurons.

« Elle répondit, comme aux autres : « J'y son-
« gerai. »

« Quand elle arriva à son logis, elle se trouvait
suivie par une troupe de plus de cent amoureux
qui lui criaient : « Ma mie, nous mourons d'amour
« pour vous ! »

« Elle s'arrêta sur le seuil de sa chaumière, et,
prenant à la main le bouquet de gaillet qu'elle avait
cueilli, elle le présenta au duc en rougissant et en
baissant la tête.

« Aussitôt celui-ci tourna les talons à Jehanne,
et tous ceux qui se mouraient naguère d'amour
pour elle en usèrent également : leur amour s'était
en allé avec le talisman magique.

« Par malheur, les légendes n'expliquent pas
quelles sont les *certaines circonstances* dans lesquelles il faut cueillir le gaillet pour qu'il possède
la propriété d'inspirer l'amour.

« Au Mexique et au Pérou, sur le sol des forêts
vierges qu'on détruit par le feu, on voit tout à coup
apparaître des plantes, étrangères jusque-là dans la
localité, et qu'on nomme *fleurs d'incendie.*

« Lorsqu'on creusa le canal de Toulouse, on remarqua, non sans surprise, que les terres remuées et restées à sec pendant deux ans se couvraient subitement d'une plante nouvelle pour le pays : le *polypogon monspeliensis*. M. Decaisne mentionne plusieurs faits analogues. — A Ermenonville, le lac, mis à sec, s'est encombré de *sinapis alba* (moutarde blanche). — Aux environs de Bordeaux, après l'incendie d'un bois, le *papaver somniferum* (pavot) s'est montré de même en grande quantité. — En Angleterre, le creusement d'un canal a fait paraître en abondance le *plantago arenaria* (plantain, herbe-aux-puces). M. Cosson ajoute qu'il a vu, une année, l'étang tourbeux de Saint-Germer, près Beauvais, desséché et tapissé de *digitalis purpurea* (digitale pourprée).

« Dans le bois du Pays-de-Bayard (Aisne), on a déposé l'année dernière des amas de scories provenant de hauts-fourneaux, et formant une couche haute de plusieurs mètres, composée exclusivement de cuivre et de substances minérales qui avaient subi une violente action du feu.

« Tout à coup, une plante, rare partout en Europe, particulièrement dans le pays dont nous parlons, et qui exige d'ordinaire beaucoup d'humidité, l'*impatiens noli me tangere* (l'impatiente n'y touchez pas), a envahi brusquement et revêtu d'une couche épaisse de verdure ces débris quasi volcaniques, arides, et sur lesquels l'eau des pluies tombait sans y séjourner, comme sur un tissu imperméable.

L'*impatiente n'y touchez pas* appartient à la famille des balsamines. Son nom provient de l'élasticité de ses fruits, qui, si légèrement qu'on les touche, lancent au loin, avec force, les grains qu'ils renferment. Ces graines, lourdes et d'assez forte dimension, ne sauraient être transportées par le vent comme celles de certaines plantes.

« Un fait analogue s'observe en Hollande sur le sol de la mer de Harlem, qu'on vient de dessécher. J'y ai vu presque partout foisonner et former des champs de fleurs jaunes la *cinéraire des marais*, à peu près inconnue dans les Pays-Bas, et dont on ne rencontre ailleurs qu'un petit nombre d'individus, même dans les lieux qu'elles affectionnent. Il y en avait une telle quantité dans le feu lac, que parfois le vent emportait au milieu des airs des nuées d'aigrettes de cinéraires qui voilèrent le ciel pendant quelques secondes. A côté de ces végétaux qui naissent là où on ne les a pas semés, il est curieux de placer ceux qui ne veulent point pousser là où on les sème.

« Depuis la fin du siècle dernier, disent les « *Annales forestières*, mais surtout depuis trente « ou quarante ans, on a semé ou planté des mil- « lions de mélèzes sur tous les points de l'Angle- « terre et de l'Écosse qui paraissaient impropres à « la culture. Nos voisins d'outre-Manche espéraient « ainsi se créer d'immenses ressources, où ils pour- « raient plus tard puiser à pleines mains pour « construire leurs steamers, édifier leurs cot- « tages, supporter leurs rails, soutenir les fils de « leurs télégraphes, ou porter les tiges de leurs « houblonnières. Mais voici que le mélèze est ma- « lade presque partout et se meurt. La plupart des

« arbres qui ont atteint l'âge de trente ans pour-
« rissent au pied et se couvrent de lichens et de
« champignons ; leurs feuilles deviennent aussi
« jaunes que de la paille. La maladie n'a pas même
« respecté les beaux mélèzes qui ombrageaient
« l'humble cottage du poète Burns à Crainsburns-
« wood ; ils sont aujourd'hui dans un état déplo-
« rable.

« Quelles sont les causes, quel peut être le remède
« de cette maladie, comparable à celle qui a sévi
« et qui sévit même encore sur la pomme de terre ?
« Faut-il renoncer à cette essence de prédilection ?
« Peut-être que non ; mais bien certainement il ne
« faut plus compter sur elle pour approvisionner
« les arsenaux maritimes et construire les maisons.
« Le mélèze, quand il descend de ses montagnes,
« devient un tout autre arbre ; sa longévité dimi-
« nue dans une énorme proportion ; son bois, qui
« offre, aux altitudes élevées, des qualités si pré-
« cieuses, devient détestable à de petites hauteurs. »

« Au contraire, dans ces contrées défavorables à
leur éclosion, certaines plantes mettent une rare
persévérance à triompher des obstacles que leur
offre la nature.

« Le Spitzberg est situé sous le méridien de l'Europe centrale et forme les dernières limites de la
presqu'île scandinave. La vie organique s'y éteint
pour ainsi dire faute de lumière et de chaleur:
pendant dix mois de l'année, les neiges n'y fondent
que sur le bord de la mer et y couvrent depuis des
temps incalculables les montagnes ; enfin de puissantes glacières y comblent les vallées. Le soleil

n'y dépasse jamais 37°, et ses rayons, qui traversent une épaisseur énorme d'atmosphère, n'arrivent au sol qu'après avoir perdu presque toute leur chaleur, et ne font en quelque sorte qu'en raser la surface.

« En effet, dans cette triste partie du monde, du 26 octobre au 16 février, l'astre cesse complètement de se montrer, et son absence produit une nuit de quatre mois. Il alterne ensuite pendant soixante-cinq jours avec la nuit, et le reste de l'année, à dater du 21 avril, il ne quitte pas l'horizon et tourne alentour sans jamais disparaître au-dessous.

« Naturellement, la végétation qui apparaît pendant ce court espace d'un été, la plupart du temps obscurci par des brumes épaisses ne se dissipant qu'à de courts intervalles, est rare et ne se produit qu'à certaines places privilégiées, abritées contre le vent glacial du nord, et où peut se condenser et se maintenir une chaleur dont la moyenne ne dépasse jamais 3° centigrades au-dessus de zéro.

« Durant un séjour assez long que je fis à Hammersfest pendant l'été et enveloppé de fourrures comme en plein cœur d'hiver, dès que le brouillard le permettait, je me hâtais d'aller herboriser à travers les éboulements de rochers, où se montrait une végétation composée surtout de lichens et d'une grande mousse d'un admirable vert. Çà et là, en certains endroits des falaises où se trouvait amassé un peu du guano des oiseaux marins, apparaissaient des renoncules et des graminées naines. Un matin que j'explorais cette oasis en miniature, je remarquai, à ma surprise, la petite et frêle tige d'une espèce de pavot qui commençait à sortir du sol et qui se montrait au fond de la mousse. Je tirai ma montre ; il était midi.

« A une heure, la tige de ce pavot atteignait deux centimètres ; à trois heures, elle en mesurait sept ; à cinq heures, le bouton de la fleur commençait à se développer et à prendre des formes accentuées ; à onze heures du soir, cette fleur s'épanouissait dans toute sa splendeur, et je me trouvai en présence d'un magnifique pied du pavot à queue nue (*papaver nudicauda.*)

« A deux jours de là, je recueillis la graine mûre de cette plante, et, à la fin de la semaine, je détachai du pied de la falaise sa tige morte et qui commençait à se dessécher.

« Plus tard, cette graine, rapportée en France et semée dans de bonnes conditions de terrain et d'exposition, a suivi pour sa croissance la marche des autres plantes européennes ; elle a mis huit jours à sortir de terre, quinze jours à prendre son développement et à peu près autant de temps à montrer son bouton et à épanouir sa fleur. Sous un climat favorable et qui ne lui criait pas : « Hâte-toi « d'éclore, ou tu mourras avant d'avoir rempli la « loi de reproduction imposée à tous les êtres, » elle en prenait à son aise, comme les sœurs euro-péennes au milieu desquelles elle se trouvait admise ; enfin, au lieu de naître, de vivre et de mourir comme elle le faisait au Spitzberg, en trois jours, elle y mit pour le moins quatre bons mois à Paris.

« Quelque rapide que soit la croissance végétale au Spitzberg, elle n'égale certes point l'improvisation étrange que la plupart des officiers anglais qui habitent l'Inde ont vu et voient chaque jour opérer sous leurs yeux par des jongleurs indigènes.

« Ces jongleurs arrivent complètement nus en présence des spectateurs et se ceignent ensuite les reins avec une sorte de pagne à demi transparent qui les enveloppe de la ceinture aux pieds sur lesquels il retombe en longs plis.

« Ces préliminaires terminés, celui qui opère prend une graine de lotus, la montre aux personnes qui l'entourent et la dépose sous le pagne, entre ses pieds. Deux ou trois minutes après, il soulève la draperie, et l'on aperçoit un petit point vert qui se montre à la surface du sol. A une minute de là, le pagne se relève, et l'on voit de larges feuilles palmées et des tiges rampantes et velues. Il ne faut guère plus de temps pour qu'apparaissent des fleurs jaunes, que l'opérateur, se rejetant en arrière par un bond rapide, laisse cette fois complètement à découvert et libres.

« Alors on peut s'approcher, on peut toucher de la main la plante si maraculeusement poussée et épanouie ; on peut s'assurer que sa racine tient solidement dans le sol, qui ne paraît avoir été ni fouillé, ni même légèrement remué.

« Ces jongleurs indiens sont du reste en possession de secrets de nature à déconcerter Cleverman, Robin et Robert Houdin eux-mêmes. Il y en a qui se font enterrer pendant huit jours, et qui sortent ensuite vivants et bien portants de leur cercueil. Il y en a d'autres qui égorgent à coups de poignards un enfant, qui ne tarde pas à sortir de la corbeille où se trouvait renfermé son cadavre mutilé, pour venir offrir des fleurs aux spectateurs, ébahis de sa résurrection.

« Non seulement ces miracles de l'escamotage me sont confirmés, au moment où je termine ces lignes, par le capitaine Marius Bazin, qui arrive précisément de Chandernagor, et qui en a été plusieurs fois le témoin, mais encore les jongleurs, m'assure-t-il, ont perfectionné le tour de la plante improvisée. C'est dans leur main gauche, recouverte d'un voile, qu'ils font maintenant pousser un lotus, passant ainsi de l'état de graine à l'état de plante parfaite et en fleur sous les yeux du spectateur, et qui enlace tellement ses racines autour des doigts du magicien en plein vent, qu'on a beaucoup de peine à en détacher les nœuds compliqués.

CHAPITRE VII

LA VALLÉE DE GOLDAU

« A ces merveilles d'apparitions inattendues de plantes, nous pourrions ajouter, reprit M. Raparlier, après un instant de silence, les phénomènes botaniques survenus dans la vallée de Goldau, et si bien décrits par un hollandais, le docteur Frantz Fagel.

« Le 2 septembre 1806, il arriva vers midi dans la vallée de Goldau.

« Abritée et dominée par le Rossberg, montagne haute de cinq mille pieds, la vallée de Goldau était un des sites les plus pittoresques et les plus fertiles des environs de Lucerne.

« On labourait les champs. Des vignobles sur les flancs du Rossberg ; dans la vallée, des troupeaux de bestiaux et un grand village couvert de ces jolies maisons en bois qui n'appartiennent qu'à la Suisse, présentaient aux regards du voyageur un délicieux spectacle.

« D'autant plus que la pluie, qui n'avait cessé de

tomber à torrent depuis près d'un mois, s'était tarie dès le matin, comme par enchantement, et qu'un ciel sans le moindre petit nuage ajoutait encore à l'aspect riant de la vallée.

« Tandis que le docteur Fagel, sur le seuil de la principale auberge, devisait avec la fille de l'hôtesse, et qu'il déjeunait d'une grande tasse de laitage que lui avait servie la belle enfant, le ciel se couvrit tout à coup de nouveau. La pluie recommença. De sinistres craquements se firent entendre. Des pierres même se détachèrent des flancs de la montagne, composée de masses de roches, arrondies, cimentées entre elles et désignées par les Allemands sous le nom de *Nagelfluhe* (pierres à tête de clous).

« Vers deux heures, ce ne furent plus des pierres, mais une énorme masse de roc qui tomba brusquement et enveloppa la vallée d'un nuage de poussière noire et âcre. A la base de la montagne, le terrain semblait s'affaisser ; Fagel y enfonça son bâton de voyage et il vit, non sans terreur, ce bâton, mû par un mouvement oscillatoire, s'agiter avec vivacité. Bientôt il remarqua une vaste fissure qui s'élargissait rapidement. Les sources cessèrent de couler ; les pins de la forêt chancelèrent, et les oiseaux s'enfuirent en poussant des cris de terreur.

« Puis la montagne sembla glisser sur elle-même, lentement, lentement, mais sans s'arrêter.

« Tout à coup elle perdit l'équilibre, s'abattit sur la vallée et la broya sous une masse d'une lieue d'étendue, haute de deux cents pieds et large de trois mille.

« Comment le docteur Fagel échappa-t-il à cette catastrophe ? Dieu seul le sait.

« Le Rossberg s'écroula à cinq heures, avec un bruit tel que jamais oreille humaine n'en avait entendu de pareil ; et le pauvre Hollandais resta jusqu'au coucher du soleil dans un état complet d'anéantissement. La seule commotion causée par le déplacement de l'air l'avait à demi étouffé et douloureusement courbaturé de tous ses membres. Des bourdonnements sinistres l'assourdissaient. Il lui semblait qu'une main de fer étreignait son front.

« A la fin, il retrouva assez de force pour chercher à porter des secours aux malheureux, en bien petit nombre, que le fléau avait épargnés.

« Trois villages étaient anéantis : Busingen, Rothen et Goldau, dont on retrouva la cloche à plus d'un kilomètre de distance.

« Un gouffre, image hideuse du chaos, des millions de rochers brisés, pêle-mêle, nus, informes, ravagés, se dressaient, rampaient, grouillaient dans un désordre inexprimable.

« Puis ce furent des torrents qui vomirent des flots de boue, nivelant et souillant tout ce qu'ils atteignaient. La fange suivit la pente qui se dirigeait vers le lac de Lowertz et ensevelit une partie de la bourgade qui porte le nom de ce lac. Les rocs, au contraire, conservèrent leur direction en ligne droite, rasèrent la vallée et coururent vers le Righi ; enfin les blocs les plus élevés, dont la force d'impulsion s'accroissait en raison de leur poids et de leur rapidité, parvinrent à une hauteur considérable sur la pente opposée de ce même Righi, et y écrasèrent tout ce qu'ils rencontrèrent en route. Une telle avalanche de pierres tomba dans le lac de Lowertz, à trois lieues du Rossberg, qu'elle combla en partie ce lac et qu'une vague monstrueuse, passant au-dessus de l'ile de Schwanau, élevée de soixante-dix pieds au-dessus du niveau de l'eau, submergea la rive opposée et revint ensuite sur elle-même, non sans entraîner avec elle plusieurs maisons qu'elle engloutit. La chapelle d'Olten, bâtie en bois, fut transportée à deux kilomètres de la place où elle se trouvait construite.

« Voici un des épisodes de cette épouvantable journée. Nous l'empruntons au docteur Fagel et au docteur Zay. Ce dernier, en 1806, habitait Arth, village situé à trois kilomètres de Goldau, sur le lac de Zug, entre la base du Righi et celle du Rossberg.

« Un habitant, éperdu de frayeur, prit deux de
« ses enfants dans ses bras, et s'enfuit, en recom-
« mandant à sa femme de se charger d'une autre
« petite fille nommée Marianne et âgée de cinq ans.
« Comme celle-ci rentrait pour prendre l'enfant,
« elle rencontra Francisca Ulrich, sa servante, qui
« traversait la chambre en tenant Marianne par la
« main. Au même instant, ainsi que Francisca l'a
« raconté depuis, la maison fut détachée de ses
« fondations (elle était en bois), et se mit à tourner
« sur elle-même. « Quelquefois, dit-elle, je me
« trouvais sur la tête, et d'autres fois sur les pieds,
« dans une obscurité totale. Alors, je fus violem-
« ment séparée de l'enfant. »

« Quand le mouvement de la maison cessa, Fran-
« cisca resta embarrassée de tous côtés, la tête en

« bas, et couverte de blessures. Elle s'imaginait
« être enterrée vivante à une grande profondeur.
« Ce fut avec beaucoup de difficulté qu'elle parvint
« à dégager sa main droite et à essuyer le sang
« qui coulait de ses yeux. Tout à coup elle entendit
« de légers gémissements : c'était Marianne qui les
« poussait ; elle l'appela. L'enfant lui répondit qu'elle
« se trouvait sur le dos au milieu de pierres et de
« buissons qui la retenaient fortement, mais que ses
« mains étaient libres, et qu'elle voyait la lumière
« et même quelque chose de vert. Elle demanda si
« quelqu'un ne viendrait pas bientôt les secourir.
« Francisca répondit que c'était le grand jour du
« jugement, et qu'il ne restait personne pour les
« assister ; mais que la mort allait bientôt les déli-
« vrer, et qu'elles seraient heureuses dans le ciel.
« Elles se mirent l'une et l'autre à prier. Enfin, le
« son d'une cloche, que Francisca reconnut être
« celle de Steinen, frappa l'oreille des infortunées.
« Sept heures sonnèrent dans un autre village. La
« servante commença donc à espérer qu'il existait
« encore des êtres vivants sur la terre, et s'efforça
« de consoler l'enfant. La pauvre petite fille de-
« mandait avec instance à manger ; mais bientôt ses
« cris s'affaiblirent, et à la fin ils cessèrent tout à
« fait. Francisca, toujours la tête en bas, ensevelie
« dans des terres humides, éprouvait un froid in-
« supportable aux pieds. Après des efforts prodi-
« gieux, elle réussit enfin à dégager ses mains.
« Plusieurs heures s'étaient écoulées dans cette
« situation, lorsqu'elle entendit de nouveau la voix
« de Marianne, qui recommençait ses lamentations.

« Le malheureux père, après avoir conservé avec
« beaucoup de difficulté sa vie et celle de ses deux
« enfants, revint au point du jour à sa maison,
« pour chercher à sauver sa famille et sa servante.
« Un pied qui sortait de terre lui fit découvrir sa
« femme ; elle était morte avec un enfant dans ses
« bras. Les cris de cet homme et le bruit qu'il fai-
« sait en creusant le sol furent entendus de Ma-
« rianne, qui l'appela. Il parvint à la débarrasser,
« mais elle avait une cuisse brisée ; et, lorsqu'elle
« dit que Francisca n'était pas loin, de nouvelles
« recherches conduisirent à la délivrance de cette
« dernière. Elle était dans un tel état, qu'on dé-
« sespéra de sa vie ; elle demeura aveugle pendant
« plusieurs jours, et resta toujours depuis sujette
« à des accès convulsifs de terreur. Il paraît que la
« maison, avec ses infortunés habitants, avait été
« entraînée à quinze cents pieds environ de l'en-
« droit où elle était située auparavant.

« Dans un autre lieu on trouva un enfant de deux
« ans, sans la moindre blessure, et couché sur sa
« paillasse ; mais il fut impossible de découvrir
« aucun vestige de la maison enlevée. »

« Le docteur Fagel, échappé par miracle à la catastrophe de Goldau, voulut chaque année visiter
les ruines de cette vallée.

« Quatre ans ne s'étaient pas encore écoulés,
qu'il remarqua sur la plupart des pierres nues et
stériles une teinte verdâtre.

« Il prit une loupe, examina cette couleur, et
constata aisément qu'elle devait son origine à une
immense quantité de conferves et de céramies.

« Il distingua parfaitement les filaments tubuleux et coriaces de la conferve, *scytonema*, constata la présence de la *sphacellaria*, et recueillit des fruits de la *pilayella*, globules qui se développent à la suite les uns des autres, à l'extrémité des rameaux ; sans compter la *monillina*, à gemmes ovoïdes, la *gaillonella*, à gemmes sphériques, coupées en travers de leur diamètre, et ressemblant à de petites boîtes à savonnettes ; sans oublier enfin seize espèces de céramies, sœurs et voisines des conferves.

« Trois ans après, les détritus de ces plantes, dont l'œil avait besoin de l'aide de la loupe pour distinguer les formes, avaient produit assez d'éléments nutritifs pour que les lichens, les mousses et les champignons commençassent à se montrer çà et là.

« L'année suivante, les cryptogames avaient tout envahi.

« Vers 1815, les lichens et les champignons, en naissant, en mourant, en renaissant, en se multipliant, avaient formé les premiers principes d'une véritable terre végétale, dont les surfaces commençaient à se montrer inégales et à s'onduler de petits sillons d'humus.

« Dès 1818, cette couche légère s'était accrue de beaucoup, et produisait des graminées et des crassulées, aux familles desquelles appartiennent le chiendent et les joubarbes.

« En 1825, les ronces, les bruyères, la famille des sinanthérées (ornées de fleurs), les centaurées, les hélianthes, les véroniques, les chardons, poussaient et prospéraient partout.

— 123 —

« Deux ans après, l'ortie, l'herbe à lapin (polygo-
nome), dont les tiges partent d'une seule racine en
pivot, et couvrent parfois la surface d'un mètre de
terrain, le bouton d'or, la colchique, aux fleurs d'un
violet rougeâtre, le jonc aux feuilles glabres, le
gouet (pied de veau) vénéneux, la sudorifique
saponaire, la mauve médicinale, la valériane, qui
apaise les spasmes ; la rue sinistre, la stellaire,
qui ne prospère que dans les buissons ; la sabline,
qui ne hante que les coteaux arides ; le bluet virgi-
nal, la violette, le cytise, la luzerne, le souci, la
primevère, la chrysanthème, la pâquerette, la nar-
cotique jusquiame, la fumeterre officinale, l'âcre
pyrètre, la mercuriale aux mystérieuses amours,
l'hermaphrodite pariétaire, l'antiscorbutique cresson
des prés, la julienne aux folioles bossues, l'odorante giroflée, la lunetière jaune des rochers, la
conyse (l'herbe aux mouches) ; l'aster, que la culture des jardins transforme en reine-marguerite ;
le tussilage, qui affectionne exclusivement les glai
ses et reçoit le nom populaire d'herbe aux ânes, le
seneçon, le mouron, la patience rouge, que les
pharmaciens nomment sang-de-dragon, et qui est
à la fois amère et astringente ; la daphné, dont les
grappes de fleurs jaunes possèdent l'énergique
propriété de l'émétique ; l'herbe à hirondelle
(stellère), et mille autres, pullulèrent partout à
l'ombre, au soleil, à l'humidité, dans les sables,
entre les interstices des rochers, en haut, en bas,
le long des berges, au fond de l'eau, dans les
marécages, parmi les cailloux, au milieu de la fange,
en pleine poussière.

« Si bien qu'en 1832, dans les débris de ces végétaux de tant de diverses natures, accumulés, desséchés par les vents, brûlés par le soleil, décomposés par les pluies, par les neiges et par les gelées, et transformés en un fumier riche et fécond, se dressaient déjà les rameaux d'arbustes nombreux où l'on remarquait les viornes, les nerpruns, le genêt, les sureaux aux grappes de fleurs blanches et parfumées, et même les saules.

« A leur tour survinrent, Dieu sait comment, les graines conifères, qui se glissèrent dans les moindres fissures des masses calcaires, des grès et des granits. Elles y germèrent ; leurs racines s'y développèrent, et, avec la force irrésistible et lente dont les a douées la nature, finirent par élargir les étroites ouvertures qui les logeaient, par les briser même, et par étaler partout des bouquets de châtaigniers, de hêtres et de chênes. Un platane était venu s'installer dans le tronc brisé d'un sapin ; il prospérait au milieu de cette caisse originale, et y balançait, au moindre caprice des vents, son tronc encore souple et sa tête déjà couronnée d'une opulente verdure.

« Aujourd'hui, ces arbres élèvent vers le ciel leurs rameaux et leurs feuilles, répandent autour d'eux l'ombre et la fraîcheur, et abritent des colonies d'oiseaux.

« A leurs pieds, et sous les épais fourrés de plantes qui recouvrent la terre, des hordes d'insectes aiment, pondent, picorent, creusent le sable, le sillonnent et le bouleversent en tous sens. Le jour, des nuages de papillons, parés de livrées éclatantes, et, la nuit, des myriades de phalènes revêtues d'un duvet épais, voltigent dans les airs. La taupe, le mulot, le lézard, la couleuvre, les grenouilles, labourent, grimpent, nagent et font la chasse et la guerre.

« Des cabanes disséminées se dressent çà et là ; les faucheurs mettent en meules leurs récoltes de foin ; les jeunes filles conduisent leurs troupeaux au pâturage, à travers les hautes herbes, dans lesquelles ils entrent jusqu'aux genoux.

« Les rameaux se balancent et murmurent au souffle du vent. Les oiseaux chantent, les insectes bourdonnent, les clochettes tintent, les bergères échangent des appels gutturaux. La sauterelle domine ces bruits de son cri aigu.

« La vie foisonne, regorge, resplendit, déborde, éclate, au fond de la vallée, sur ses lisières, sur les flancs des collines, au sommet des montagnes, partout ! Il n'y a plus que jeunesse et beauté là où, morne et sans partage, régnait il y a un demi-siècle la désolation !

« Comment un pareil miracle s'est-il opéré ? Hélas ! la science humaine, riche pourtant, depuis Socrate et Platon, de vingt-trois siècles de progrès, ne peut aujourd'hui, comme elle l'a fait jusqu'à présent, comme elle le fera éternellement, que répéter, en rougissant et en baissant la tête, ces paroles du *Phœdon :*

« Je ne sais qu'une seule chose, c'est que je ne « sais rien ! »

Norbert, les regards attachés sur les deux savants, n'avait point perdu une parole de leur entretien.

Quant à Odile, il y avait longtemps qu'elle s'était profondément endormie, en tenant Mlle Mine sur ses genoux, et que dame Tréa était venue les prendre toutes les deux avec les plus délicates attentions pour les aller coucher.

CHAPITRE VIII

HISTOIRE D'UNE BOTTE DE FOIN. — LE NARCISSE A COUPE

A dix-huit mois de là, vers la fin de l'hiver, M. Raparlier et Norbert revenaient d'une longue excursion à cheval, dans les environs de Paris. Ils causaient indifféremment en allemand, en anglais, voire en latin. On eût eu de la peine à reconnaître l'enfant malingre d'autrefois, dans le gentil cavalier frais et rose qui conduisait en écuyer consommé un charmant poney, et dont la taille avait pris de vigoureux développements.

— Voyons, Norbert, ne vois-tu rien sur la route qui mérite l'honneur de figurer dans notre herbier, demanda M. Raparlier.

— Ma foi non, mon ami, je ne vois qu'une pauvre haridelle attelée à une charrette et qui achève de manger une botte de foin. Vous ne voulez pas sans doute, ajouta Norbert en riant, mettre ce foin dans votre herbier?

— Qui sait? répliqua M. Raparlier.

« Il y a quelque temps, un vieillard de haute taille

et d'une physionomie à la fois douce et rêveuse remontait lentement les hauteurs de la montagne Sainte-Geneviève. Il se donnait cet adorable plaisir qu'on ne peut se procurer qu'à Paris : il flânait.

« Les étalages des marchands de gravures de la rue Saint-Jacques l'arrêtèrent d'abord; il fit une longue station devant une grossière image des fabriques d'Épinal représentant les *Infortunes d'une casquette*. Ses lèvres, à la fois fines et charnues, s'entr'ouvrirent par un sourire bien franc et bien gai. Il s'amusa, comme un véritable enfant qu'il est parfois, des plaisanteries au gros sel de la caricature à un sou.

« Tout à coup, une jeune fille, appuyée sur le bras d'un jeune homme, passa près du flâneur, en le frôlant de sa robe de soie. Il oublia les images pour suivre d'un regard mélancolique l'heureux couple devisant à coup sûr d'amour et d'avenir, et il soupira en répétant tout bas ce vers de la Fontaine.

Ai-je passé le temps d'aimer ?

« Puis, comme sans doute la réponse qu'il se fit à cette question était affirmative, il reprit lentement sa marche et oublia ses pensées mélancoliques à la vue d'un pauvre chien à la queue duquel des polissons avaient attaché un vieux soulier. Il appela si doucement et de si bonne amitié la malheureuse bête, il s'y prit avec tant de bonté, de patience, et si bien, que l'animal ahuri s'arrêta dans sa course effrénée, s'approcha de l'ami inconnu qui lui venait en aide, et se laissa délivrer de l'instrument de supplice qui le rendait fou de terreur. Après quoi, il lécha les mains de son sauveur, le suivit pendant quelques secondes, s'arrêta pour happer un débris de viande qui gisait dans le ruisseau, et ne pensa plus ni au tourment passé, ni au bienfaiteur qui l'en avait délivré.

« Heureusement le vieillard ne prit point garde à cet acte d'ingratitude. Deux moineaux qui se disputaient un grain d'avoine, un chat qui guettait traîtreusement, sur une fenêtre, des serins enfermés dans une cage, s'étaient déjà emparés de son attention.

« Ce fut ainsi qu'il arriva à l'endroit de la place où se trouve une station de fiacres. Alors il alla droit aux voitures, et, sans tenir compte ni des pieds des chevaux qui pouvaient le blesser, ni des rires des cochers qui le gouaillaient, il se mit gravement à examiner un à un les brins de foin, reste de la provende des chevaux étalée sur le pavé.

« Il ramassa un de ces brins, essuya avec son mouchoir de poche la boue qui le souillait, et le plaça soigneusement dans son portefeuille.

« Que faites-vous donc là ? lui demanda un de
« ses amis qui le surprit dans cette singulière oc-
« cupation.

« — Je complète l'histoire d'une botte de foin,
« travail dont je m'occupe depuis près d'un an,
« répondit-il.

« — D'une botte de foin ? s'écria l'ami.

« — Eh oui. Pourquoi cette surprise? Depuis
« des siècles et des siècles que l'homme fauche du
« foin, le bottelle, l'emmagasine dans ses granges

« ou dans ses greniers, et le donne à manger à ses
« chevaux, sans doute personne avant moi n'a
« songé à demander de combien de plantes diffé-
« rentes se composait ce fourrage et quelle était la
« nature de chacune de ces plantes.

« — Peut-être avez-vous raison, répliqua son ami.

« — Pas une seule de ces plantes ne possède pour-
« tant ni le même goût ni la même composition chi-
« mique, ni les mêmes propriétés. Vous savez que
« la variété des aliments est une condition indispen-
« sable, générale, universelle de la vie des animaux.
« Eh bien, Dieu, en créant des animaux destinés à
« se nourrir exclusivement d'herbes, a eu soin de
« donner à chacune de ces herbes une nature diffé-
« rente, de façon à mettre la variété dans l'unité. »

« Et comme il vit que son ami l'écoutait avec
attention, il s'arrêta un moment, alluma un cigare
et reprit :

« Une botte de foin se compose, en moyenne,
« d'une trentaine de plantes différentes que l'on
« peut diviser en deux classes : les *graminées* et
« les *légumineuses*.

« Toutes, d'après l'analyse chimique que j'en ai
« faite, se composent d'eau, de fibres ligneuses, de
« graisse, de cire, d'albumine et d'azote. Ces divers
« éléments varient de doses à l'infini ; les uns abon-
« dent chez certaines et chez d'autres se révèlent à
« peine par quelques traces.

« Quant au goût et aux propriétés que la science
« humaine, sans savoir ce qui les cause, constate
« dans ces plantes, vous pouvez juger de leur va-
« riété, rien que par la courte énumération que je

« vais vous en faire ; car nous voici arrivés devant
« ma maison, et vous m'accompagnerez chez moi,
« n'est-ce pas, pour voir mon herbier d'une botte
« de foin ? »

« Ils entrèrent en effet dans le modeste cabinet
de travail du savant.

« Tenez, dit ce dernier en ouvrant un grand
« cahier rempli de plantes desséchées et attachées à
« l'aide de petites bandes de papier blanc sur des
« feuilles de papier buvard ; tenez : voici la *canche*,
« la *glume des chiens*, deux espèces de *flouve*, l'*a-*
« *voine laineuse*, la *crételle*, la *dactyle*, la *fétuque*
« *des prés*, la *fétuque rouge*, l'*herbe à la manne* et l'*a-*
« *voine blonde*. Elles appartiennent toutes à l'im-
« mense et mystérieuse famille des graminées. C'est
« pour ainsi dire le pain des herbivores. L'eau et
« l'azote prédominent dans leur composition ; elles
« sont plus ou moins sœurs de notre froment.
« Quant à la diversité de leurs aromes, jugez-en.
« La flouve sert dans les manufactures impériales
« à aromatiser le tabac ; l'avoine blonde contient
« un principe stimulant qui relève les forces abat-
« tues des bestiaux et leur rend de la gaieté ; l'épi
« en crête de la crételle provoque la salivation, et
« les épillets nombreux et pelotonnés du dactyle
« absorbent cette salivation. Les feuilles laineuses
« des fétuques, roides au toucher, voisines des
« feuilles du roseau, raniment l'appétit et causent
« sur la langue une sorte de saveur assez analogue
« à celle de la menthe.

« Une autre graminée, la *glycérie*, l'*herbe à la*
« *manne*, produit des semences essentiellement ali-

« mentaires que l'homme ne dédaigne pas toujours.
« Elle dresse, hors des coins humides où elle
« pousse, sa tige haute et ses épillets étalés ; l'*al-
« piste* qu'on nomme encore *graine de Canarie*, et
« la *fléole*, que les Anglais désignent par le surnom
« emphatique de *thimoty-grass*, qui se reconnait à
« son épi violet et à l'empressement passionné que
« les chevaux, du bout de leur langue souple et
« adroite comme un doigt, mettent à la rechercher
« et à la trier dans le fourrage de leur râtelier.

« Voici encore le *paturin*, que ses propriétés pur-
« gatives et son goût sucré font appeler *manne de
« Prusse ;* l'avoine à *chapelet,* le *chiendent* rafraî-
« chissant, le *brôme mou*, le vulpin, et deux es-
« pèces d'ivraie, l'*italique perpétuelle.*

« L'ivraie devient vénéneuse quand les bestiaux
« la mangent fraîche en trop grande quantité ; mais,
« mélangée à petite dose dans le fourrage, elle pro-
« duit sur les bœufs à peu près l'effet qu'un verre
« d'eau-de-vie produit, dit-on, sur l'homme après
« un copieux repas ; elle stimule le cerveau et favo-
« rise la digestion. Quant à la *fléole des prés* et au
« *trèfle rampant, filiforme* ou *des prairies,* que
« voici, ce sont des légumineux qu'il faut bien se
« garder de donner frais en trop grande abondance
« aux hôtes de l'étable, car ils produiraient une
« fatale maladie nommée tympanite. Secs, ils ne
« présentent aucun danger, augmentent la sécré-
« tion du lait chez les vaches, et procurent au
« beurre une saveur exquise et fine.

« La *vesce des haies* à gousses glabres, la *gesse
« ou pois de serpent,* qu'Arthur Young, le célèbre

« agronome, vante comme le roi des fourrages, le
« *lotier à fleurs jaunes*, que la dessiccation, comme
« vous le voyez, rend vertes, le *vulpin* enfin, com-
« plètent, sauf deux plantes dont j'ai encore à vous
« parler, la liste de ce que contient d'ordinaire une
« botte de foin. Plus savoureux que nutritifs, les
« légumineux donnent du goût aux graminées, et
« ne présentent néanmoins aucune trace de la cire,
« de l'albumine et de la graisse, souvent fort abon-
« dantes chez les derniers.

« Les graminées sont le pain des herbivores, je
« vous l'ai dit tout à l'heure ; les légumineux sont
« leurs mets savoureux.

« Les deux plantes dont j'ai encore à vous parler,
« ce sont des ennemies. Regardez ce *chardon :*
« armé d'épines, ligneux, dur, souvent il blesse la
« bouche délicate des chevaux, quoique l'âne trouve
« une ineffable volupté à le broyer sous ses dents.

« Mais ce n'est rien que les aiguillons du chardon
« en présence de cette jolie fleur, à laquelle les
« botanistes ont donné le nom effrayant, du moins à
« l'oreille, de *lychnis agrostemma githago*, les ha-
« bitants celui de *nielle*, et les enfants celui de *com-
« pagnon rouge*. Elle est charmante à la vue, avec
« la jolie collerette verte qui garnit la gorge de sa
« corolle, et ses étoiles pourprées qui cachent une
« pulpe farineuse d'un blanc pur, sans odeur et sans
« saveur. Et cependant, malheur aux bestiaux quand
« ses graines, échappées des champs de blé qu'elles
« infestent, viennent à tomber dans les prairies et
« à s'y mêler aux plantes fourragères ! Les herbi-
« vores qui les mangent ne tardent point à gonfler

« d'une façon étrange ; leur œil s'injecte ; une sorte
« de délire s'empare d'eux, et ils succombent bien-
« tôt en poussant de lamentables mugissements.

« Hélas ! là ne s'arrêtent point les méfaits de la
« nielle ! Chaque année, cette plante fatale fait des
« victimes parmi les enfants, que séduit la beauté
« des fleurs. Les petits imprudents portent à leurs
« lèvres ses graines, qu'ils broient sous leurs mi-
« gnonnes dents blanches, et ils meurent empoi-
« sonnés !

« Laissons là ces tristes idées et revenons à
« l'analyse chimique du foin sec ; elle ne diffère
« guère de celle du foin frais que par la quantité
« d'eau qui s'est évaporée ; en revanche, l'azote
« s'y rencontre plus abondamment.

« Voilà, mon ami, le premier chapitre de l'*Histoire*
« *d'une botte de foin*. Il reste bien à faire encore à
« la science pour expliquer comment de telles
« plantes, poussant côte à côte, dans le même sol,
« contiennent des principes si différents de leurs
« voisines.

« Ainsi, l'*herbe à la manne* (*glyceria fluitans*)
« contient 77 parties d'eau, 8,50 de fibres ligneuses,
« 0,3 de cire et 0,311 d'azote, tandis que l'*avoine*
« *blonde* (*avena flavescens*) ne donne que 59,0 d'eau,
« 16,3 de substance ligneuse, 0,8 de cire, et 0,520
« d'azote. Pourquoi cette différence ? Sans compter
« que la dernière est excitante, presque enivrante,
« et l'autre nutritive et calmante. »

« Il feuilleta silencieusement son herbier, quoique
ses yeux n'en regardassent pas les pages, et qu'il
se laissât évidemment aller à une profonde rêverie.

« Puis, se réveillant comme en sursaut :

« Avant qu'on sache l'histoire complète d'une
« botte de foin, reprit-il en soupirant, il s'écoulera
« peut-être encore des siècles ! Il faudra de grandes
« conquêtes de la chimie, des milliers de décou-
« vertes de la botanique, des études et des expé-
« riences sans nombre de l'agriculture. La science,
« c'est l'horizon qui recule toujours à mesure qu'on
« avance. »

Tout à coup, M. Raparlier s'interrompit.

— Mets pied à terre, Norbert, et va me cueillir,
dans ce coin de terrain humide, le faux narcisse
jonquille ou coucou. C'est encore une primeur et
une rareté dans cette saison peu avancée.

« Certes, cette fleur d'or est belle, mais elle n'est
rien en comparaison du narcisse à *fleur de coupe*,
qui ne croît qu'en Orient et sur certaines parties
des côtes de Bretagne où les Croisés, dit-on, l'ont
rapporté, et le *narcisse reflexus*, dont jusqu'ici on
ne possédait que de rares exemplaires, desséchés
dans un petit nombre d'herbiers privilégiés.

« Les botanistes Loiseleur et Bonnemaison sont
les Christophe Colomb du *narcisse reflexus*.

« Un Parisien, quoiqu'il ne soit plus de la première jeunesse, qu'il jouisse d'une fortune honorable et qu'il possède une magnifique collection de
plantes de toutes les contrées du monde, se mit en
tête, ce printemps, l'idée fixe de posséder vivant
au moins un exemplaire du *narcisse reflexus*.

« Le *narcisse reflexus* ne pousse, à ce qu'il paraît,
que dans certains îlots de la côte du Finistère. Ces
îlots passent pour être d'un abord difficile, surtout

au printemps, époque où la mer bretonne se montre
violente et dangereuse. Notre homme n'en partit
pas moins au commencement du mois d'avril, par
le froid que vous savez, et sans tenir compte ni
de ses serres délicieuses, ni de sa riche bibliothèque, ni du confort, ni des amis, ni de la famille
qu'il abandonnait, et il se mit héroïquement en route
pour Concarneau.

« Là, sans même se reposer un jour, il s'assura
d'une chaloupe et d'un équipage de six rameurs,
choisit le meilleur pilote du pays et s'embarqua par
un gros temps pour les îlots des Glénans, où,
d'après ses suppositions, florissait le *narcisse
reflexus*.

« A peine embarqué, une **vague énorme** se rua
sur le botaniste et le mouilla des pieds à la tête.

« La crainte d'un rhume le retient parfois, à Paris,
quinze jours captif dans sa chambre, les pieds sur les
chenets ; mais, rendu héroïque par la puissance de
la passion et de la volonté, il n'hésita pas une
seconde, se secoua en frissonnant, et, comme Jason
allant à la conquête de la toison d'or, il cria à ses
matelots : *Ite, audaces !*

« On continua donc à ramer et à lutter contre les
flots de plus en plus agités. Aussi, grâce aux secousses imprimées à la petite embarcation, le mal
de mer ne tarda point à faire subir une nouvelle
épreuve au navigateur inexpérimenté.

« — Faut-il regagner le rivage ? » demanda le
pilote.

« Pour toute réponse, le Parisien secoua la tête.
Après quoi, il se coucha dans le fond de la chaloupe,

car il ne pouvait plus même se tenir assis à l'arrière.

« — Faut-il retourner sur nos pas ? La mer est mauvaise et je ne réponds de rien, » ajouta le pilote.

« Le botaniste, sans force même pour parler, montra du doigt le premier îlot des Glénans, qui apparaissait au loin comme une tache noirâtre.

« Après bien des efforts et non sans faillir de chavirer deux ou trois fois, on se trouva enfin en face de cet îlot, appelé l'île *aux Moutons*.

« On n'y aborda pas sans peine, car la mer déferlait avec fureur sur les récifs. Par une sorte de miracle, d'adresse et de hasard, la barque parvint à accoster ; on la maintint à l'aide de câbles et de grapins fixés aux rochers, et le Parisien put mettre pied à terre.

« Aussitôt il se prit à parcourir avidement l'île et à en interroger la flore ; partout poussaient plantureusement des végétaux rares, et dont la découverte en toute autre circonstance eût fait jeter des cris de joie à l'explorateur, mais il n'y avait nulle part de traces du *narcisse reflexus*. Le sourcil froncé, l'air renfrogné, la tête basse, il remonta dans la chaloupe en disant : A « l'île de Saint-Nicolas ! »

« Le pilote objecta que la mer devenait de plus en plus mauvaise, que le vent soufflait violemment et par bourrasques, et qu'il vaudrait peut-être mieux regagner Concarneau.

« Le botaniste ne répondit même pas et montra l'île de Saint-Nicolas.

« Les matelots obéirent. Deux grandes heures

s'écoulèrent pendant lesquelles l'eau ne cessa d'embarquer de toutes parts, et la chaloupe de sauter sur les vagues comme un volant sur une raquette, ainsi que le fit observer un des rameurs. Aussi je vous laisse à penser si ce fut pâle et se soutenant à peine sur ses jambes que notre ami descendit sur la grève de Saint-Nicolas.

« Tout à coup, une vive rougeur couvrit ses joues, son regard terne devint brillant, et il retrouva une voix puissante pour s'écrier : « Le voici ! le voici ! »

« En prononçant ces mots, il courut vers un coin de terre abrité par un rocher, il se pencha, il s'agenouilla, et à l'aide d'une sorte de petite bêche étroite, en forme de houlette, sur laquelle il s'appuyait naguère comme sur une canne, il se mit à fouiller la terre.

« Les Bretons le regardaient faire de loin et se disaient tout bas entre eux en se poussant du coude : « Il a découvert un trésor ! »

« A un quart d'heure de là, notre homme, les mains, et les vêtements couverts de boue, le front ruisselant de sueur, revenait vers eux. Il portait avec une sorte de respect un paquet de plantes, et il s'élança lestement dans la barque en s'écriant : « Maintenant à Concarneau ! »

« Cette fois la mer eut beau se montrer plus furieuse qu'auparavant, le vent mugir, la chaloupe sauter de vague en vague, le botaniste, tout entier à la joie de sa conquête, regardait ses fleurs sans se soucier, sans même s'apercevoir du désordre des éléments. Après quatre heures d'une traversée qui rendait inquiets les marins eux-mêmes, il finit par aborder dans le petit port de Concarneau, sans avoir ressenti la moindre atteinte du mal de mer.

« Il rentra à l'auberge, changea de vêtements, fit un grand feu, dîna avec un appétit de jeune homme et repartit le soir même pour Paris.

« Aujourd'hui, le *narcisse reflexus* fait l'orgueil de cet excellent homme, et il le montre à ses amis avec un de ces sourires de satisfaction et de bonheur qu'on ne saurait exprimer.

« C'est, à vrai dire, une plante assez ordinaire, de trente centimètres environ de hauteur, à fleur unique plus ou moins teintée de jaune, et dont les feuilles convexes présentent une double nervure saillante.

« Tout compte fait, elle coûte à son possesseur, — que dis-je, à son conquérant, — environ mille francs !

« Je vous assure toutefois qu'il ne regrette point cet argent, car cet acquéreur, c'est moi. »

CHAPITRE IX

LES SAISONS DES CHAMPS

Comme finissait cet entretien, les deux cavaliers se trouvaient proche de la maison de M. Raparlier, et l'un des hôtes de ce logis accourait en jappant joyeusement. C'était bien entendu Mlle Mine qui menait grand tapage, sautant aux jambes des chevaux qui l'accueillaient en amie, et retournant ensuite à la maison pour annoncer l'arrivée de Norbert et de M. Raparlier.

Attirées par ces aboiements, Tréa et Odile apparurent sur le seuil, et son frère n'avait point encore mis pied à terre que celle-ci était déjà dans ses bras et lui donnait des baisers à profusion.

Tréa, moins alerte, hâta de son mieux le pas pour prodiguer toutes sortes de tendresses à celui qu'elle nommait son enfant.

— Allons vite, venez vite ! dit-elle. Mon maître ne se doute pas encore de votre venue ! Allons le surprendre dans son cabinet.

Et tandis que le domestique de M. Raparlier emmenait les chevaux, tous les quatre firent irruption chez leur ami.

Celui-ci quitta gaiement le livre qu'il lisait. — Ah ! dit-il, si je n'ai pas été au-devant de vous, je n'en pensais pas moins à mes deux chers promeneurs. Je me demandais quelle récolte botanique ils avaient pu faire dans cette saison encore si peu avancée ! Voyons, quelques graminées desséchées et une fausse jonquille, un véritable coucou. Attendez encore un peu de temps, et alors vos conquêtes seront nombreuses et chaque jour je relirai, en vous attendant, un livre qui ne date pas d'hier, et que l'on doit à l'écrivain qui, le premier, a connu et réalisé la vulgarisation de la science. Voulez-vous que je vous lise, en attendant le diner, un passage de ce volume intitulé les *Saisons des Champs* : ce sera un avant-goût des plaisirs que vous trouverez dans vos excursions auxquelles ma santé ne me permet guère de prendre part.

— Ah ! papa, papa, que vous êtes bon, s'écria Albert en l'embrassant ; toujours occupé de moi, de mes études, de mes plaisirs !

— Voyons ce que dit ton livre, fit Odile, fort embarrassée en ce moment de tenir sur ses genoux une grande poupée qu'on lui avait donnée le matin même, et à qui Mlle Mine semblait peu disposée à céder la moitié de sa place. Voyons, père.

— Commençons par le printemps.

« Béni soit le printemps quand il revient ! le printemps avec ses tièdes ondées de pluie féconde, avec son ciel bleu, avec son soleil vivifiant, avec ses soirées étoilées ! Partout s'épanouit et foisonne le

« renouveau », comme disaient nos pères dans leur langage naïf et poétique. Le foyer s'est éteint jusqu'aux premières brumes de l'automne ; le jour vient tôt et s'en va tard ; il fait bon à se lever matin pour humer l'air frais qui dilate la poitrine et pour se mettre en quête de quelque endroit ombreux et herbeux, comme il n'en manque point, même proche des barrières de Paris. Là on peut à son aise admirer les fleurs sauvages, qui se montrent en ce moment plus fraîches et plus belles qu'à aucune autre époque de l'année.

« Par exemple, venez avec moi au bois de Vincennes ; voyez ce coin humide qui ressemble à un petit marais, et qu'on dirait, au premier coup d'œil, un tapis de verdure uniforme. Regardez avec attention : d'abord, ce ne seront que des formes confuses, emmêlées, enlacées, enchevêtrées ; puis, peu à peu, vous distinguerez des feuilles, des fleurs, des tiges, chacune avec leur caractère particulier et incontestable. Voici, par exemple, la *pulsatille* aux jolies fleurs violettes. Ne vous fiez, toutefois, ni à son nom populaire d'*herbe aux vents*, ni à ses feuilles découpées ; elle produit une teinture utile, je l'avoue, mais elle est vénéneuse. A ses côtés pousse la *grenouillette*, renoncule aquatique ; le *populage*, dont le suc est caustique ; la *cardamine* ou le *cresson de pré*, excellent antiscorbutique ; la *corne de cerf* à fleurs blanches, qui possède les mêmes propriétés astringentes, le *sisymbre amphibie*, frère du cresson comestible ; l'*herbe de sainte Barbe* (*erysimum*), qui raffermit les gencives ; la *spargoute noueuse*, aux formes étranges ; le *cres-*

son de cheval (la *véronique*) l'*iris*, dont la racine cultivée fournit un parfum délicat et voisin de la violette. Enfin, au milieu de cent autres plantes affublées de noms barbarement latins par les botanistes, et baptisés de noms caractéristiques et pittoresques par le bon sens populaire, se détachent le *rubanier*, dont la longue tige flottante mesure plus d'un pied; la *massue d'eau* (l'*herbe au bedeau*, qui fournit un aliment excellent; le *pigamon*, qui a reçu le nom honorable de *rhubarbe des pauvres;* et le sinistre *glaïeul,* connu encore sous le nom de *faux acore.*

« Vous êtes en présence d'une des plus redoutables armes du moyen âge et de la renaissance. Le glaïeul, plante commune, répandue partout où il y a peu d'eau, placée sous la main de chacun, a servi pendant bien des siècles à la superstition, à la cupidité et au crime. Dieu sait combien de drames terribles se rattachent à l'histoire de cette touffe qui s'épanouit paisiblement au bord de l'eau, avec ses feuilles semblables à la lame d'un cimeterre et ses charmantes fleurs qui invitent à les cueillir!

« La sorcellerie faisait usage de glaïeul pour fabriquer l'onguent dont on s'oignait avant de partir pour le sabbat. « Cueillez du glaïeul au printemps, disent
« les livres de magie, et entre autres le *dragon*
« *rouge:* râpez sa racine fraîche, et mettez immédiatement cette râpure dans de l'huile blanche.
« A l'été, vous mêlerez l'huile avec du suc de pavot,
« réduit à l'état de pâte, et vous vous en frotterez
« le front, les aisselles et autres parties délicates
« du corps. Après quoi, vous tomberez dans un
« sommeil profond, et à votre réveil, vous vous

« sentirez si léger, qu'il ne vous restera qu'à en-
« fourcher un bâton et à partir pour le rendez-vous
« de minuit. »

« On le voit, ce mélange de racine de glaïeul et de
pavot n'était autre chose qu'une sorte de haschisch
qui troublait la raison des soi-disant sorciers et
leur causait des rêves et des hallucinations.

« Les bergers, ces grands jeteurs de sort, ne dé-
cimaient les troupeaux de leurs ennemis et ne causaient des maladies aux hommes qu'à l'aide du
glaïeul. Ce fut encore, dit-on, avec la racine pilée
de glaïeul, fort semblable à la poudre d'iris, que fut
empoisonnée la mère de Henri IV. La reine de Na-
varre porta, pendant toute une journée de chasse,
des gants parfumés et faits, suivant la mode du
temps, de forte peau de daim; les mains de Jeanne
d'Albret devinrent moites sous l'épaisse enveloppe
qui les tenait emprisonnées, et absorbèrent la substance vénéneuse.

« En nous éloignant de la mare pour revenir à
Paris, suivons ce sentier, qui, d'un côté, borde le
bois et, de l'autre, longe un vieux mur, la crête
tapissée de mousses, de graminées, de *joubarbes*
et de *giroflées sauvages*, dont les fleurs d'or,
comme l'enseigne leur nom, exhalent une senteur
pénétrante, voisine des parfums du girofle. Il y a de
ces plantes qui ne poussent qu'au nord; on les
nomme vulgairement *violiers jaunes*, et le suc de
leurs tiges à feuilles denticulées s'exprime aisément
sous les doigts. D'autres, au contraire, très ligneuses, et à feuilles entières, ne prospèrent qu'au
midi. Ce sont les *chiranti fructiculosi*. A ces deux

crucifères néanmoins, il faut également des murs, entre les pierres disjointes desquels elles puissent enfoncer leurs racines rameuses et chevelues.

« Du côté du bois, à vos pieds, près de ce petit buisson, s'épanouit le *gouet-pied-de-veau*, aux longues feuilles lisses, d'un vert foncé, tachées de noir, et qui ressemblent à l'empreinte que le pied d'un veau laisserait sur le sol. Ses fleurs, d'un blanc sale en dedans, donnent naissance à des écarlates. Toutes ses parties contiennent un suc laiteux, brûlant, de saveur âcre et piquante, employé autrefois en guise de purgatif et abandonné aujourd'hui à cause des nombreux accidents qu'il causait. Toutefois, quand elle est sèche, qu'on la râpe et qu'on la réduit en pâte, elle fournit une nourriture aussi saine que la pomme de terre. Parmentier indiquait le *gouet* comme un aliment précieux dans les moments de disette.

« La racine du pied-de-veau donne encore un excellent dentifrice; elle rend de la force au vin devenu trop faible et le dispose à se convertir en vinaigre. Elle remplace, jusqu'à un certain point, le savon pour le blanchissage du linge; enfin dans le midi de la France, quand le *gouet* atteint sa floraison complète, il acquiert un degré de chaleur assez fort pour élever le thermomètre de 48 à 55 degrés centigrades. En 1777, Lamark, pour la première fois, constata ce phénomène. La chaleur du gouet est indépendante de l'action de la lumière : elle se manifeste avec la même puissance pendant la nuit.

« Les gourmets romains faisaient grand cas du *gouet comestible* de l'Égypte, qui n'a rien de véné ·

neux ; on en transportait d'immenses quantités d'Alexandrie à Rome, et on nommait ce mets *luph* ou *coulchas*.

« La *primevère jaune* (le *coucou* et la *clef de saint Pierre* des enfants) foisonne partout et élève ses grappes d'or au-dessus des autres plantes. C'est la favorite des ménagères de village, qui en tressent des couronnes, en ornent les berceaux de leurs nourrissons, préparent avec les jeunes tiges, infusées dans le vinaigre, un condiment délicat et font bouillir les fleurs pour en fabriquer une présure active et qui, mieux que toute autre substance, dispose le lait à se cailler et à devenir d'excellent fromage. Il suffit pour cela d'une légère addition de sel, de sulfate d'alumine et de girofle.

« Voici encore l'*aristoloche*, qui hante les buissons et qui fournit un tonique ; le *cabaret* (*asaret*), qui fait éternuer mieux et plus longtemps que le tabac en poudre ; la *tulipe sauvage*, à pétales barbus au sommet ; l'*ail des chiens* (*muscari*), la *jacinthe des bois* à fleurs bleues, la *globulaire* à fleurs violettes, la *colchique*, fatale aux animaux qui mangent sa bulbe et qui a reçu le sobriquet de *tue-chien* ; la *cinéraire champêtre*, couverte d'un duvet cotonneux ; le *pas-d'âne*, qu'affectionnent les terres glaises, qu'on classe parmi les meilleurs béchiques et qui fait disparaître les dernières traces des rhumes causés par les rigueurs de l'hiver ; l'*herbe de saint Roch* (*inula*), qui guérit des dysenteries et foisonne partout.

« Pour vous désigner par leur nom chacune des plantes dont la terre, au printemps, couvre son sein fécond, il faudrait une journée entière. Le soleil

monte de plus en plus à l'horizon. Voici un omnibus
qui passe, vite un signe au conducteur! Grimpons
sur l'impériale, allumons un cigare, et, s'il vous
plait, chemin faisant, laissez-moi vous dire pourquoi le *tamier* ou *vigne noire* à fleurs verdâtres,
dont j'ai cueilli, au pied d'une haie, une des longues tiges qui s'y enlaçaient, porte les noms de
sceau de la Vierge et d'*herbe aux femmes battues.*
Ce n'est point parce que son feuillage est d'un vert
gai, ses fleurs jaunâtres et ses fruits rouges; ce
n'est point parce que l'art vétérinaire emploie sa
racine âcre et amère; ce n'est même point parce
qu'elle résout le sang épanché dans les contusions
et qu'elle guérit les meurtrissures.

« Les vrais motifs, les voici :

« Un jour, une jeune femme de la campagne se
plaignit à un capucin d'être constamment battue
par son mari; elle lui montra comme preuve ses
bras et ses épaules meurtris de coups.

« La sainte Vierge, répondit le moine, m'a en-
« seigné la connaissance d'une plante miraculeuse,
« qui non seulement guérira votre peau marbrée de
« taches bleues par le fouet conjugal, mais encore
« qui saura vous empêcher d'être battue désormais.
« Faites une infusion de l'herbe de Notre-Dame,
« qui croit si abondamment dans vos haies; bas-
« sinez-en trois ou quatre fois par jour vos bras
« et vos épaules, et les contusions disparaîtront
« comme par enchantement. — Voilà pour le pré-
« sent. Lorsque dorénavant votre mari, un peu pris
« de boisson, rentrera du cabaret, remplissez
« votre bouche d'infusion d'herbe de Notre-Dame.

« N'avalez pas surtout cette infusion, car elle vous
« purgerait énergiquement ; ne la crachez pas non
« plus, car votre mari commencerait immédiate-
« ment à vous rosser. »

« Là-dessus il partit.

« A trois mois de là, il repassa par le village de
la brave femme.

« Vous êtes un saint! lui cria celle-ci du plus loin
« qu'elle aperçut le frère mendiant; non seulement
« mes bras sont redevenus en deux jours frais et
« blancs comme vous les voyez, mais encore je n'ai
« pas une seule fois été battue par mon mari de-
« puis que, suivant votre conseil, je remplis ma
« bouche de l'eau en question, quand le brave
« homme me paraît entre deux vins.

« — Continuez, répondit le capucin en souriant.
« Bénissez la miraculeuse *herbe à la Vierge*, et
« n'oubliez pas mon couvent! »

« Elle lui donna une miche de six livres qu'il
chargea sur son âne, et il s'éloigna en murmurant :

« Si j'avais dit à cette femme: Ne répondez pas
« à votre mari quand il est ivre, car vous l'irritez
« et vous le poussez à vous battre, elle ne m'eût
« point écouté. Lorsqu'elle a la bouche pleine
« d'eau, elle se trouve dans l'impossibilité de lui
« riposter, de le mettre en colère et de s'attirer
« des gourmades. Hélas! comme l'a dit le fabuliste
« la Fontaine, que je relis encore parfois, malgré
« mon froc et mes sandales :

> L'homme est de glace aux vérités,
> Il est de feu pour les mensonges.

« Si je n'eusse point paré ma recette et mes con-
« seils d'un petit vernis de merveilleux, la pauvre
« créature serait battue encore aujourd'hui ! »

« Cette légende n'est assurément pas des plus
nouvelles, mais aussi depuis combien d'années
déjà le tamier ne se nomme-t-il pas l'*herbe aux
femmes battues* !

« L'aubépine a été tardive cette année !

« A l'heure qu'il est, elle montre encore dans les
haies du bois de Boulogne, à travers des rameaux
tortueux et des feuilles à peine naissantes, ses charmantes fleurs qui exhalent un ineffable parfum.

« L'aubépine jouait un rôle important dans les cé-
rémonies de l'antiquité : quand on célébrait à Athènes
une noce, chacun des invités tenait à la main une
branche d'aubépine. A Rome, le marié en portait un
rameau en guidant sa jeune femme vers la chambre
nuptiale ? D'après Pline, il fallait, pour jouir de ce
droit, qui remontait aux premiers temps de Romulus,
et faisait allusion à l'enlèvement des Sabines (comment ? Pline ne le dit pas), être libre, et avoir son
père et sa mère vivants.

« Péréfixe raconte que, le lendemain de la Saint-
Barthélemy, on vit une aubépine fleurie au cimetière des Innocents, et que chacun interprétait ce
fait à sa manière, selon qu'il était catholique ou
protestant.

« Dans le Midi, et particulièrement à Bordeaux,
on suspendait encore, il y a quelques années, de
grandes couronnes d'aubépine au-dessus des rues :
le soir on les illuminait avec des verres de couleurs. Sous ces couronnes, se formaient des rondes.

Enfin, dans les Hautes et Basses-Pyrénées, un bouquet d'aubépine fleurie accompagnait toujours la petite croix qu'on plantait, en mai, au bord des champs, et qu'on attachait aux arbres auxquels se marie la vigne. On espérait, par cette pieuse coutume, obtenir les bénédictions du ciel pour les biens de la terre, moissonner d'abondantes récoltes, et faire de riches vendanges.

« L'aubépine appartient à la belle et nombreuse famille des rosacées, dont font partie le rosier et le pêcher.

« S'il faut en croire le *Journal de pharmacie et de chimie*, elle fournit à la médecine un agent afficace, à l'aide duquel le docteur Awenarius, de Saint-Pétersbourg, affirme avoir guéri, dans l'espace de deux ans, de 1854 à 1856, plus de deux cent cinquante malades atteints de rhumatismes aigus et chroniques. Le docteur atteste que la douleur et la fièvre ont constamment disparu dès le lendemain de l'administration du remède, qu'il nomme *propylamine*.

« Voici sous quelle forme il l'administre :

Propylamine. . . . . 20 gouttes.
Eau distillée. . . . . 180 grammes.
   Ajoutez, si c'est nécessaire :
Oléosaccharum de menthe poivrée. 8 grammes.
Dose : Une cuillerée à bouche toutes les deux heures.

« La propylamine a été découverte par Werthemi en 1850 ; on peut l'obtenir, soit artificiellement, soit naturellement, par divers procédés, des substances où elle se trouve naturellement contenue.

Elle se rencontre, en effet, soit dans les fleurs de l'aubépine vulgaire, soit, faut-il l'avouer, dans la saumure de hareng, dans la plus charmante et la plus parfumée fille du printemps, et dans le résidu le plus infect de l'industrie !

« La propylamine est un liquide incolore, transparent, doué d'une odeur forte qui rappelle celle de l'ammoniaque.

« Elle se dissout dans l'eau, et présente, même à l'état de dissolution étendue, une forte réaction alcaline. Elle sature bien les acides et forme des sels cristallisables. Comme l'ammoniaque, elle produit des fumées blanches à l'approche d'un tube imprégné d'acide chlorhydrique.

« L'aubépine ne pouvait manquer de tenir une place honorable dans les légendes du moyen âge.

« En effet, s'il faut en croire une tradition dont personne ne connait l'origine, cette fleur attirait les anges dans les chaumières de la Flandre française, où en effet on l'associe au buis du dimanche des Rameaux pour orner le bénitier placé au chevet des lits.

« Une jeune paysanne, d'une rare beauté, et demeurée orpheline à seize ans, vivait de son travail et du produit de son rouet dans un village que baigne l'Escaut naissant, et qui porte le nom de Proville. Elle ne sortait du logis que pour aller vendre, à la ville voisine, chez les *mulquiniers* ou courtiers de fils, les écheveaux détachés de sa bobine, et si fins, si fins, qu'on les lui payait un grand prix. Les tisserands en façonnaient leurs plus belles batistes ; batistes renommées s'il en fut, dont Marguerite de Valois disait que la sainte Vierge seule et sainte Olle, la filandière du paradis, avaient pu en enseigner la façon aux ouvrières flamandes.

« Or la jeune fille dont je vous parle, et qui avait nom Perpétue, ne manquait pas de galants, mais elle n'en écoutait aucun. Comme je vous l'ai dit, elle vivait chrétiennement et dans la solitude ; quand on venait à lui parler d'amour, elle tenait sa porte et son cœur fermés.

« Or parmi ceux qu'enamourait Perpétue, se trouvait le jeune seigneur d'un château voisin, le baron de Cantimpré. Il n'avait pas été plus favorablement accueilli que les autres ; Perpétue lui avait répondu, comme une dame du moyen âge, qu'elle était trop chrétienne pour être sa maîtresse, et lui trop grand seigneur pour qu'elle devînt sa femme.

« Le baron de Cantimpré n'en poursuivit pas moins avec ardeur Perpétue. Elle le rencontrait sans cesse sur ses pas, qu'elle allât à la ville ou qu'elle en revînt.

« Un soir il l'accosta sur le bord de l'Escaut et lui reparla de son amour. Elle détourna la tête, ne répondit point et se mit à cueillir des feuilles d'aubépine le long des haies.

« Eh bien, s'écria-t-il, puisque vous ne voulez « rien donner à l'amour, craignez que je n'aie re- « cours à la violence ! »

« En effet, le soir, il le fit comme il l'avait dit, et il s'approcha à pas de loup de la chaumière pour en forcer la porte.

« Avant de commettre cette mauvaise action, il

regarda par le trou de la serrure. O miracle ! il vit la jeune fille agenouillée devant un crucifix et une image de la Vierge couronnés des fleurs d'aubépine qu'elle avait cueillies en chemin.

« A côté d'elle se tenaient quatre anges : l'un portait à la main une branche d'aubépine, avec laquelle il écartait un démon qui cherchait à troubler la vierge dans ses prières ; le second balançait un encensoir ; le troisième disait à voix basse, à l'oreille de la jeune fille, les prières qu'elle récitait ; le quatrième enfin s'appuyait sur une épée flamboyante. Ce dernier, quand le baron de Cantimpré s'approcha de la serrure, jeta un regard sévère sur le jeune damoiseau, fit un pas vers la porte et leva son glaive.

« Le sire de Cantimpré s'enfuit épouvanté. De retour dans son château, il avoua au comte, son père, comment il avait formé de mauvais desseins sur Perpétue, et comment il avait vu les anges qu'amène l'aubépine protéger la jeune fille. Il obtint du vieux seigneur la permission d'épouser celle dont la pureté et les vertus méritaient la protection céleste.

« Perpétue, qui aimait en secret le jeune seigneur, ne put refuser, à la demande du père, ce qu'elle avait refusé aux instances du fils. Elle devint baronne, mais une baronne si charitable, si miséricordieuse, qu'elle combla de bonheur son mari, et qu'aujourd'hui les jeunes filles du nord de la France l'invoquent avec autant de ferveur que sainte Catherine, sainte Gudule et sainte Ursule, patronnes du doux pays que baigne l'Escaut.

7.

« Passons à l'été.

« Ce matin, presque au point du jour, j'ai passé une heure au bois de Boulogne, et j'ai rapporté de cette promenade matinale un bouquet de fleurs sauvages qui, certes, ne le cèdent ni en parfum ni en beauté aux plantes les plus rares et les plus aristocratiques qu'on cultive à grands frais dans les serres.

« Ces fleurs sont là dans un vase, sur mon bureau, avec leurs nuances fraiches et délicates, leurs feuilles découpées de cent façons délicieuses et charmantes, et leur douces émanations, qui, réunies, forment cette odeur délicieuse s'exhalant des prairies, et nommée si pittoresquement par les cultivateurs le *goût des prés.*

« Regardez ! Savez-vous rien de plus fier et de plus aristocratique que la *vipérine (echium vulgare)* ? Ses tiges, hautes de près d'un mètre, se dressent en demi-cercle, et forment comme une grande corbeille vivante, au centre protecteur de laquelle foisonnent toutes sortes de petites plantes, telles que le *trèfle jaune* avec ses mignonnes houppes d'or (*trifolium procumbens*) ; la *gesse des près*, que recherchent avidement les bestiaux, et dont les calices, couleur de safran, se rassemblent à l'extrémité d'une petite queue rampante ; la *douce-amère*, aux feuilles larges, aux fleurs violettes et aux grappes de fruits noirs, semblables à de petits raisins ; sans compter le *geranium à bec de grue*, dont la fleur, presque microscopique, montre, à l'aide de la loupe, des teintes merveilleuses de variété et d'harmonie, et qui se transforme, par la maturité, en une sorte de bec d'oiseau.

« La vipérine appartient à la famille de la bourrache. Ses corolles, mélangées de pourpre, d'azur et d'or, s'échelonnent depuis le bas jusqu'au haut de sa forte tige parsemée de poils rudes et bruns. La baguette de Moïse, quand le prophète l'eut fleurie, devait ressembler à la vipérine.

« Ses graines, par leur renflement et leurs rides, affectent la forme d'une tête de reptile, et sa racine possède, dit-on, la propriété de guérir les blessures que fait la dent venimeuse des vipères ; enfin, les Italiennes emploient son suc rouge pour donner plus d'éclat à leur teint.

« Au premier coup d'œil, l'*herbe au charpentier*, le *millefeuilles*, ressemble à un héliotrope rose. Achille, dit-on, s'en servit pour guérir la blessure de Télèphe. Les traditions catholiques du moyen âge racontent qu'un jour saint Joseph, en travaillant à une pièce de bois, se blessa grièvement la main. L'Enfant Jésus, qui jouait au pied de l'établi au milieu de copeaux semblables à de beaux rubans enroulés, se leva, alla cueillir une plante de millefeuilles, l'appliqua sur la plaie du saint ouvrier, et arrêta le sang qui coulait à flots.

« La médecine moderne, qui proscrit la plupart des simples, accorde pourtant à celui-ci des propriétés astringentes et balsamiques ; elle en emploie les feuilles et les racines.

« La *convallaire*, le *muguet de mai*, doit le nom de *sceau de Salomon* à la forme de ses feuilles roides, épaisses, gravées de linéaments, et qui rappellent la forme des sceaux ovales du moyen âge. Si sa fleur à grelots, quand elle est sèche, provoque, je l'avoue, les éternuments, du moins elle n'a rien des propriétés vénéneuses de la *renoncule*, joli bouton d'or qui se balance gracieusement sur sa tige élastique, mais qui donne la mort.

« L'*euphorbe* ne vaut guère mieux. Il ressemble à un bouquet disposé artistement, composé de fleurs d'or mat, d'une feuillée qu'on dirait découpée par les ciseaux fantastiques d'une fée, et de glands de bronze florentin, qu'auraient ciselés les petits doigts d'un gnome. Brisez-la, et de toutes ses parties suintera un suc blanc qu'on serait tenté de prendre pour du lait et de porter aux lèvres. Ce n'est qu'un poison, odieux au goût et presque toujours funeste à la vie.

« Le *millepertuis* ressemble également à un bouquet, mais on n'a rien à craindre ni de sa fleur, houppe cotonneuse qui s'étale gaiement ou soleil, ni de ses feuilles opposées entre elles et qui laissent tamiser la lumière par des milliers de petites ouvertures, d'où lui vient sans doute le nom de *millepertuis* ou *mille trous*. Elle aussi sécrète un suc abondant, gommeux, résineux, rougeâtre, mais sinon utile, du moins sans danger.

« Lorsqu'on froisse les grappes, blanches de la *stachide*, dont chaque petite fleur blanche, teintée de rose à l'intérieur, ressemble à une gueule d'animal ouverte, il s'en exhale une odeur âcre et désagréable. En revanche, on mange la partie de sa tige qui se trouve ensevelie dans la terre. La médecine populaire la classe parmi les fébrifuges et les emménagogues; on en obtient une belle couleur jaune.

« La *barbe de bouc*, sœur du salsifis, rampe comme un reptile. Garnie de feuilles seulement à la base, elle relève sa tête, qui ressemble à ces soleils de convention au-dessous desquels Louis XIV plaçait sa fière devise : *Nec pluribus impar*, et qu'il continua à faire sculpter sur tous les monuments, ne dépit de l'audacieuse plaisanterie des Hollandais, avec lesquels il se trouvait en guerre. Ceux-ci avaient pris pour emblème Josué arrêtant le soleil, et pour devise le mot biblique : *Sta !*

« Par malheur pour les Hollandais, ils n'arrêtèrent point Louis XIV comme Josué avait arrêté le soleil, et le conquérant continua à marcher victorieusement à travers leurs villes prises d'assaut.

« Le *mélilot* a tous les caractères botaniques du trèfle ; mais pour un profane, comme vous et moi, il ne lui ressemble en rien. Vous le reconnaitrez à ses grappes de fleurs d'or qui demeurent épanouies presque tout l'été et qui embaument le foin dans lequel elles abondent ; les abeilles y butinent sans cesse ; les ménagères de village enferment ces fleurs dans des sachets pour donner une bonne senteur à leur linge, et surtout pour éloigner de leurs armoires les insectes.

« Les parfumeurs en extraient une eau distillée fort agréable, et les teinturiers une de ces couleurs jaunes que la nature prodigue à tant d'espèces végétales. La médecine en a fait longtemps usage et ne s'en sert plus aujourd'hui.

« Le mélilot entre encore dans la composition des fromages aux herbes, ou *fromages verts*, que l'on prépare en Suisse, dans le canton de Glaris, et en France dans quelques montagnes du Jura. Certaines localités de l'Allemagne le dessèchent pour en faire, l'hiver, une sorte de thé, moins excitant et aussi aromatique que la boisson chinoise. Les chevaux le mangent avec passion ; Homère en parle et raconte le soin que met Achille à en nourrir son attelage divin. Les Anglais le momment *timothy* ; enfin on l'appelle dans certaines parties de la France *houblonnet*, à cause des têtes ovales de ses fleurs, qui présentent quelque ressemblance avec les chatons du houblon.

« A peine vous ai-je parlé d'une dizaine des fleurs composant mon bouquet, et déjà la place me manque ! Il faut que je passe sous silence beaucoup de leurs sœurs, aussi belles qu'elles, aussi intéressantes, aussi variées de formes, de mœurs, d'histoire et d'emploi. Laissez-moi cependant vous dire encore quelques mots du bluet et du chardon, et vous raconter une légende que j'ai apprise en Flandre, et que, sous des formes différentes, j'ai retrouvée en Bretagne, sur les bords du Rhin, en Norvège, et enfin en Algérie, où un Kabyle me l'a redite. Tous les pays et toutes les religions l'ont inventée ou se la sont appropriée.

« Une fois, me raconta-t-il, tandis que, assis sur le seuil de son gourbi, nous devisions, la longue sibsi aux lèvres, et au milieu de nuages parfumés de latakié, une fois, deux inconnus vinrent demander l'hospitalité à un Kabyle. Celui-ci, tout pauvre qu'il était, s'évertua à recevoir de son mieux les hôtes que le prophète lui envoyait. N'ayant point d'esclave, et vivant seul dans sa maison, construite en pierres ramassées au bord de la plaine, il donna lui-même à laver aux deux voyageurs, se dépouilla de son propre burnous, pour le placer sous leurs pieds, **tua le seul mouton** qu'il possédait et le leur servit **sans vouloir** se mettre à table avec eux. « Un « hôte, dit-il en citant le Koran, est un seigneur « pour celui qui le reçoit et qui devient son servi- « teur. »

« **Au bout** de deux jours, toutes les provisions de cet **homme** selon l'esprit d'Allah se trouvèrent épuisées. Alors il se prosterna en pleurant devant les voyageurs, se frappa la poitrine, leur fit l'aveu de sa pénurie, et les conduisit lui-même chez un riche *ulémah* du voisinage. Celui-ci reçut les étrangers à l'entrée de son vaste gourbi, leur débita un long et magnifique discours sur l'hospitalité, et leur exprima ses regrets de ne pouvoir les héberger, attendu qu'il fallait qu'il partit à l'instant même pour Algésair.

« Il leur fit néanmoins servir, par un de ses esclaves, quelques rafraîchissements mesquins.

« **Tout à coup**, le visage des voyageurs devint resplendissant comme le soleil, et les deux musulmans se jetèrent la face contre terre, car ils avaient reconnu que leurs hôtes étaient des anges.

« **Des messagers** d'Allah, dirent ceux-ci, ne peu- « vent quitter la terre et remonter dans le Paradis « sans faire un don à leurs hôtes. Ne cultivez point « vos champs, nous nous chargeons de les ense- « mencer. »

« Et ils s'envolèrent dans les nuages.

« Un mois après leur départ l'ulémah vint annoncer à son voisin que ses champs se couvraient de charmantes fleurs bleues.

« Si les fleurs ont tant de beauté, ajouta-t-il, « jugez donc ce que seront les fruits !

« — Moi, répondit le Kabyle, je ne vois pousser « dans mon petit champ que des chardons d'une « grande taille. »

« L'ulémah se prit à rire.

« Les anges se sont joués de vous! s'écria-t-il. « Que n'arrachez-vous toutes ces mauvaises herbes?

« — Je m'en garderai bien ; ce serait douter de « la bonté divine. *Mectab Allah!* Dieu l'a voulu! « J'attendrai. »

« L'ulémah s'éloigna en haussant les épaules.

« Quand le moment de la récolte fut venu, les anges descendirent de nouveau sur la terre.

« Récolte ces chardons, dirent-ils au pauvre « Kabyle, et garde-les avec soin. Tes femmes ne « savent comment carder les étoffes qu'elles filent; « non seulement les têtes de chardons leur servi- « ront à cet usage, mais encore tu pourras les « vendre un bon prix aux autres tribus. Allah a « béni ta charité. »

« Quand l'ulémah apprit cela, il s'écria :

« Si de vilains chardons hérissés d'épines valent « tant de douros et servent si utilement, qu'en sera- « t-il des fruits que produiront mes jolies fleurs « bleues ! »

« Hélas ! à la grande déception de l'ulémah, elles ne donnèrent qu'une petite graine ailée qui s'envola dans les airs.

« **Or**, conclut le narrateur arabe, il faut tirer cette morale de mon histoire qu'on ne doit jamais chercher à interpréter les décrets d'Allah, parce que les plus savants ne sauraient rien y comprendre, que l'ange de la justice rend au centuple le bien pour le bien et le mal pour le mal, et qu'enfin il ne faut point juger sur les apparences.

« Au sortir du bois, je m'étais assis sur le rebord d'un fossé, près d'un champ de blé, et je suivais des yeux une bande de fourmis qui faisaient une razzia de pucerons. Elles prenaient délicatement dans leurs fortes mandibules ces insectes, qui leur servent de vaches, de chèvres et de brebis ; elles couraient de toutes leurs forces vers la fourmilière, elles ne s'arrêtaient que vaincues par la fatigue et seulement pendant le temps nécessaire pour reprendre haleine ou pour se désaltérer. Celles que la soif pressait trop posaient leur butin à terre, titillaient, à l'aide de leurs antennes, les tétines bizarres dont les pucerons se trouvent pour ainsi dire hérissés, buvaient la liqueur laiteuse qu'elles obtenaient par cette singulière façon de traire, et reprenaient leur course vers le domicile commun.

« Tout à coup, des voix jeunes, fraîches et rieuses qui chantaient et qui babillaient à qui mieux mieux me firent lever la tête. C'était une dizaine de jeunes gens ; ils subissaient cette sorte d'enivrement que produisent l'air pur de la campagne et l'aspect radieux de la nature sur les Parisiens soustraits, par hasard, à l'atmosphère lourde et malsaine de la vieille Lutèce.

« Est-ce du blé, est-ce du seigle, ça ? demanda

« une charmante jeune fille dont les joues pâlies et
« étiolées dans un comptoir et à la clarté du gaz se
« teintaient, pour la première fois peut-être, d'une
« légère nuance de rose.

« — Ma foi ! je n'en sais trop rien, répondit un
« beau jeune homme, chef de rayon de l'un de nos
« premiers magasins de nouveautés.

« — Ça doit-être du blé ! objecta une petite mo-
« diste. Cette année, dans ma maison, on fait aux
« seigles, fort à la mode pour chapeaux, des barbes
« bien plus longues que je n'en vois aux herbes de
« ce champ.

« — Et le déjeuner ! le déjeuner qui nous attend
« là-bas dans ce petit bois ! s'écria le factotum de
« la troupe. — Allez-vous l'oublier? Qui a faim me
« suive ! »

« Et chacun, sans plus songer à cette discussion
botanique, se mit à marcher sur les pas du joyeux
garçon. Tous, sans doute, avaient faim, comme on
a faim un dimanche, un jour de congé et à vingt
ans.

« La petite fleuriste avait raison. C'était bien un
champ de blé qu'ils avaient vu. Mais Dieu sait combien de plantes étrangères se trouvaient mêlées au
froment et confondaient leur feuillage à ses hautes
tiges à peine en fleur ! Sans l'appétit qui la talon-
nait, sans la voix qui l'appelait à déjeuner, la volée
de jolies filles n'eût point tardé à découvrir comme
moi ces fleurs, à s'abattre sur elles et à les four-
rager sans pitié pour s'en faire des bouquets. Une
Parisienne, comme le chante la romance, *donnerait
Bagdad pour une rose*, et même pour un bluet !

« Loin de moi la pensée de médire des plantes exotiques, cultivées à grands frais dans les serres ou admises dans les collections des horticulteurs ; mais je n'en sais point de plus charmantes que les filles des champs ; celles-ci ne doivent rien à l'art, et poussent là ou là, parce que c'est leur gré, et qu'elles savent mieux que les plus habiles jardiniers du monde ce qu'il leur faut de terre ou de sable, de soleil ou d'ombre, de sécheresse ou d'humidité.

« Témoin cette nielle à fleurs d'un bleu clair, qu'on nomme *cheveux de Vénus* (*nigella arvensis*). Il ne faut point toutefois la porter aux lèvres, car, presque sœur de l'ellébore, elle exerce, dit-on, une action nuisible sur le cerveau. Gardez-vous surtout, ajoutent les mêmes traditions, qu'une femme prête à devenir mère place un bouquet de *cheveux de Vénus* à son corsage ; elle ne donnerait point le jour à un enfant vivant.

« Les Égyptiens, qui nomment *abésodé* la graine de la nigelle, en saupoudrent leurs pains et leurs gâteaux ; ils la broient aussi et la réduisent en pâte pour en faire des pastilles fort recherchées dans les sérails, attendu qu'elles développent, dit-on, l'obésité de façon à satisfaire les amateurs les plus exigeants de ce genre de beauté orientale. On en fabrique encore, avec du gingembre et de la cannelle, une confiture préférée par les Osmanlis à la conserve de roses.

« Lamouroux a découvert qu'en infusant des graines de *cheveux de Vénus* dans l'alcool, on obtient une liqueur qui possède le parfum des fraises.

et qui permet, l'hiver, de préparer des glaces et des crèmes à l'essence de ce fruit. Le chimiste ne partage point, on le voit, l'opinion populaire qui attribue à la nielle des principes vénéneux.

« Regardez, à côté de la nielle, cette autre plante à l'aspect élégant, aux feuilles finement découpées, aux fleurs d'un rouge vif. Encore consacrée à Vénus, elle porte le nom populaire de *goutte de sang d'Adonis*. Elle possède une saveur mucilagineuse, légèrement astringente, et répand au loin une odeur aromatique d'une extrême distinction. On peut l'employer efficacement pour guérir les toux invétérées, quoiqu'elle possède toutefois des propriétés moins efficaces que ses sœurs des Antilles et d'Italie, avec lesquelles les pharmaciens préparent le sirop de capillaire.

« La *dauphinelle* se compose de fleurs en bouquet lâche et formant à peine épi. Les moissonneurs la nomment *pied d'alouette*.

« La *fumeterre* s'appelait autrefois *fumée de terre*, à cause du goût âcre et amer, semblable à celui de la suie, que ses feuilles, mâchées, laissent sur les lèvres et dans la bouche. On en compte plusieurs espèces agrestes, parmi lesquelles on remarque la *fumeterre jaune*, dont les fleurs blanchâtres se succèdent pendant huit mois de l'année. On l'administre en infusion dans les maladies de la peau, et les médecins de campagne l'emploient comme toute-puissante pour guérir les faiblesses d'estomac.

« Tantôt l'*oxalide corniculée* (l'*alleluia*) monte en tige de seize à vingt centimètres, tantôt elle rampe et étale sur le sol ses feuilles velues et ses fleurs jaunes. A l'instar de sa sœur, la *surelle des bûche-rons*, qui affectionne les montagnes et les haies, elle produit, mais en moins grande abondance, une substance blanche, d'une extrême acidité, et qu'on nomme improprement *sel d'oseille*. On s'en sert pour combattre les maladies inflammatoires et les fièvres putrides. L'acide que l'*alleluia* contient enlève, sur le linge, les taches de rouille et d'encre. Les ménagères, qui connaissent parfaitement cette dernière propriété, enveloppent un vase d'étain rempli d'eau chaude de l'étoffe qu'elles veulent nettoyer, et la frottent légèrement avec des feuilles d'*alleluia*. Les taches disparaissent instantanément et comme par miracle.

« On reconnaît l'*armoise* (*artemisia vulgaris*) à sa tige cannelée, rameuse, rougeâtre, à ses feuilles découpées, vertes en dessus, blanches en dessous, et couvertes de poils tellement entrelacés, qu'elles ressemblent à du feutre. La famille des armoises est cosmopolite : on la retrouve partout, au Japon, en Judée, en Orient et en Tartarie. Cultivée dans les jardins, cette famille prend le nom de *citron-nelle*, et alors ses feuilles laissent aux doigts qui les touchent une odeur vive et suave ; enfin, dans nos potagers, elle devient l'*estragon*, et fournit un condiment aromatique qui jouit, avec les cornichons et les petits oignons, du privilège de figurer sur nos tables parmi les hors-d'œuvre.

« Ainsi que l'absinthe, l'armoise des champs possède des propriétés excitantes et toniques ; on la regarde, au Japon, comme un remède efficace contre la goutte. En Judée et en Perse, ses graines fournissent au commerce un vermifuge populaire ; partout, même, en France, c'est le *semen contra*.

« Comme l'armoise, le *gaillet* ou *caille-lait* est cosmopolite ; l'espèce qui foisonne dans les environs de Paris se nomme *gratteron*. Des poils crochus hérissent sa tige rampante, ses feuilles et ses fruits. Le voici au pied de la haie qui borde le champ ; mon bras l'a effleuré, et ses fruits restent attachés à mon habit et ne s'en détachent qu'avec peine.

« Les croyances populaires attribuent au *gratteron* deux propriétés que, par malheur, il ne possède pas. Elles le regardent comme un spécifique contre la rage et comme un excellent moyen de cailler le lait. De nombreuses expériences, faites entre autres par MM. Deyeuse et Percheron, ont démontré l'erreur de cette double croyance. Toutefois, les fermiers du comté de Chester attribuent au *gratteron*, qu'ils mélangent à la présure, les qualités gastronomiques qui caractérisent leur célèbre fromage.

« Ajoutons que la famille du gratteron (les rubiacées), compte parmi ses membres de grandes illustrations, et entre autres le quinquina, le café, la garance et l'ipécacuana.

« Les plantes que je viens de vous montrer se trouvent réunies dans un coin du champ et occupent à peine, au milieu du blé, un espace de quelques mètres ; encore ne vous ai-je point désigné l'*alchimille* ou *pied de lion*, le *trèfle*, dont les amoureux cherchent, pendant des journées entières, une tige à quatre feuilles ; la *scabieuse*, qui affectionne le bord des terres labourées et que recherchent avidement les bestiaux, parce qu'elle les engraisse et les rafraîchit.

« Les abeilles voltigent et bourdonnent toujours autour de cette dernière plante, dont elles aiment à butiner les fleurs, d'un bleu rougeâtre. Quelques médecins prescrivent encore le suc de ses feuilles contre les affections cutanées ; enfin, fraîche, elle fournit à la teinture un assez beau vert, et, sèche, un jaune estimé.

« Ne touchez pas à cette *oronille*. Les animaux, servis par un merveilleux instinct que l'homme ne possède point, hélas ! ne paissent jamais ni sa tige, grande d'un mètre, ni ses fleurs, admirablement panachées de rose, de blanc, de violet, et disposées avec une élégante symétrie, en couronnes et par groupes de douze à quinze. Ils évitent surtout ses feuilles ailées et ses racines, qui serpentent au loin et qui étalent souvent leurs jets nombreux sur plus d'un mètre de circonférence.

« On ne peut se faire une idée de la multitude de plantes qui vivent dans un champ, non point aux dépens, mais au milieu des moissons. Il y en a plus de cent espèces. Ni le vannage ni le sarclage ne parviennent jamais, je ne dirai point à les évincer complètement, mais à en diminuer le nombre. Tandis que le froment a besoin de culture et de soins incessants, que les pluies, le soleil, le vent, la grêle, la gelée lui font une guerre acharnée, les plantes sauvages prospèrent en tout temps et par tous les temps. Souvent les panaches rouges des coquelicots

et les couronnes des bluets ne laissent plus apercevoir les épis ; souvent la terre disparaît sous les
innombrables parasites qui la recouvrent comme d'un
tapis ; ils grimpent le long des tiges, ils s'étalent
et se dressent ; ils envahissent tout, ils repren-
nent victorieusement et incessamment possession
du sol, dont le travail de l'homme veut en vain les
chasser.

. « Le soir, à la veillée, on raconte, dans ma chère
Flandre, l'histoire d'un paysan qui demanda pour
toute récompense à son seigneur, dont il avait sauvé
la vie, le fermage gratuit d'un bout de champ jusqu'au jour où un âne ne trouverait plus de chardons
dans les cultures voisines.

« Il y a mille ans de cela, ajoute le narrateur en
« sabots, et au jour d'aujourd'hui et à l'heure qu'il
« est, la famille du malin paysan profite encore
« de la propriété du champ. On a eu beau arra-
« cher les chardons, il en repousse toujours quel-
« qu'un dans quelque coin. Lorsque les chardons
« finiront, le monde finira.

« Ce ne sont certes pas les ânes qui s'en plain-
« dront ! » conclut-il en clignant gaiement de l'œil,
et désignant d'un signe de tête un de ses auditeurs.

« Venons à l'automne. Nous entrons à peine dans
l'automne, et déjà les fleurs agrestes qui foisonnaient partout commencent à devenir rares. Naguère on les comptait par centaines d'espèces au
bord du moindre ruisseau ; aujourd'hui elles apparaissent en petit nombre, çà et là, à travers les
herbes incrustées de poussière, moins souples et
d'un vert plus sombre.

« **Parmi** ces précurseurs de l'hiver, on remarque le *myosotis vivace*, que les amoureux de tous les pays ont baptisé de noms charmants, et qu'ils appellent *forget me not, vergiss mein nicht, ne m'oubliez pas*, et *plus je vous vois, plus je vous aime*. Le myosotis vivace se distingue des autres myosotis par le tube de sa corolle, qui s'évase, et par ses fleurs plus grandes et d'un bleu plus foncé. Aussi les enfants, en Flandre, les cueillent-ils pour les porter pieusement aux lèvres, en disant qu'ils « bai-« sent les yeux du petit Jésus ».

« Près du myosotis vivace se rencontrent presque toujours deux variétés de la menthe : des fleurs rouges surmontent la tige velue de la première ; l'autre, plus haute, plus fière, grande parfois de cinquante centimètres, dresse, à l'extrémité de ses rameaux, de petits épis rougeâtres : c'est la *menthe poivrée*, qui exhale, quand on la froisse entre les doigts, une odeur voisine de l'âcre senteur du camphre, et qui produit une huile avec laquelle les confiseurs préparent des pastilles stomachiques.

« La menthe est une des rares plantes dont la mythologie raconte la légende. Fille du Cocyte, Menthos inspira à Pluton une passion violente qu'elle ne tarda point à partager.

« La jalouse Proserpine surprit le secret de ce coupable amour, saisit Menthos par les cheveux, l'entraîna sur la terre et la frappa, en pleine poitrine, du funèbre trident qui servait de sceptre au dieu des sombres bords.

« Vénus, témoin de ce meurtre, changea Menthos en fleur, et Pluton prit désormais le surnom d'*Amen-*

thès, que lui donne Ovide, qui signifie *privé de Men-thos*, et dont Appien, contemporain de Septime-Sévère, raconte l'origine dans ses *Halieutiques*.

« On appelle ainsi un poème grec consacré à la pêche, et destiné à faire suite à un premier poème sur la chasse.

« A quelques pas de la *menthe poivrée* et de la *menthe crépue*, voici le *millepertuis* aux feuilles semblables à des tamis de fée et le *vulpin genouillé*, qu'à tort on confond parfois avec le chiendent, dont il se distingue par un chaume raide, des épis droits et des feuilles légèrement velues.

« Ne touchez pas à la *lobélie brûlante!* Elle contient un suc laiteux, âcre et vénéneux. Une dose modérée de la racine de cette campanule excite la transpiration; prise en plus grande quantité, elle agit à la fois comme l'émétique et comme le séné.

« Vers le milieu du dix-huitième siècle, parmi les disciples enthousiastes de Linné se trouvait un Lillois, nommé Matthias Delobel. Non seulement il se consacra exclusivement à la botanique, mais il entreprit des voyages d'outre-mer pour étudier *de visu* la flore exotique.

« En 1759, il revint de la Jamaïque et se hâta de se rendre près de Linné avec l'herbier et les échantillons précieux qu'il avait recueillis. Après avoir placé sous les yeux de son illustre maître tous ses trésors et toutes ses conquêtes, il lui montra complaisamment une plante vivante qu'il avait réservée pour la « bonne bouche », comme il l'écrit lui-même dans une lettre que nous avons sous les yeux.

« Je n'ai vu nulle part, dit-il, cette campanulacée

« à fleurs blanches; je la crois, sinon unique, du
« moins nouvelle. Dieu sait le mal qu'elle m'a donné
« et les dangers auxquels elle m'a exposé. Pendant
« la traversée, plus d'une fois, je me suis privé
« d'eau pour l'arroser; plus d'une fois, au milieu
« d'une tempête, j'ai serré dans mes bras et contre
« ma poitrine, pour qu'elle ne se brisât point, le
« pot qui la contenait.

« Cependant, il eût suffi qu'une de ses branches
« se rompît et effleurât ma peau d'une goutte du suc
« qu'elle contient pour me causer des ulcères ron-
« geants, à peu près impossibles à guérir. L'odeur
« seule du long épi de ses fleurs rouges excite des
« vomissements cruels. Une de ses feuilles qui
« touche les yeux enfante des ophtalmies puru-
« lentes, et très souvent cause la perte de la vue.

« Pendant que Delobel parlait ainsi, Linné l'avai
tout doucement amené près d'un petit ruisseau, et
là, du bout de sa canne, il désignait au botaniste
lillois une plante semblable à celle que Delobel
venait de lui montrer.

« Regardez, mon enfant! lui dit-il. Sauf la couleur,
« voici votre campanulacée! La fleur de la Jamaïque
« est rouge, celle-ci est, je l'avoue, bleue, mais
« elle n'en vaut pas mieux pour cela. »

« Delobel ne put retenir un geste de découragement.

« Si méchante et si redoutable qu'elle soit, conti-
« nua Linné, elle vous prouvera cependant que les
« absents n'ont point toujours tort avec moi. Tenez,
« lisez cette page de ma *Bibliotheca botanica*, et
« vous y verrez que j'ai désigné sous le nom de

« mon cher Delobel une famille de campanulacées;
« elle se nomme *lobelia.* »

« Delobel voulut répondre, mais il ne put qu'e-
suyer une larme et baiser la main de Linné.

« De tels souvenirs scientifiques ne se rattachent
point à la *marrube*, qui pousse là paisiblement près
de la *lobélie.* Elle croît presque dans l'eau. Son
odeur fortement musquée, ses tiges carrées, épaisses,
rameuses, velues, grisâtres; ses feuilles opposées, crépues, cotonneuses et d'un vert foncé; ses
fleurs, d'un blanc douteux, ramassées et verticilles,
ne manquent point d'élégance. Les médecins de
campagne la recommandent avec raison comme un
stimulant actif, et la désignent à leurs malades
sous le nom de *faux dictame.*

« Saluons en passant le *chanvre aquatique*, le *bi-
dent penché*, qui donne une teinture jaune et fournit une filasse grossière, d'une solidité à toute
épreuve, et longeons ce vieux mur, au pied duquel
croissent d'une façon luxuriante l'*herbe au charpentier*, qui guérit si bien les coupures, et les *orties*,
armées de dards invisibles et acérés.

« Ce n'est point un paradoxe que je vais dire :
après l'âne, réhabilité si éloquemment par Buffon,
je ne sais rien au monde de plus calomnié que l'ortie.

« Vous ne tarderez point à partager cette opinion
si vous me laissez vous énumérer les qualités de
l'ortie, dédaignée par l'ignorance, et par son frère
et par sa sœur plus stupides encore, le préjugé et
la routine.

« L'ortie offre aux bestiaux une nourriture fraîche
et d'autant plus précieuse qu'au renouveau on la voit

apparaître la première. Elle augmente la masse et la quantité du lait chez les vaches et chez les chèvres qui s'en nourrissent, et donne à ce lait une crème plus abondante et une saveur plus sucrée. Il suffit au printemps, d'arracher les jeunes pousses de l'ortie et de les laisser un peu se faner à l'air. Pourvu qu'on les mêle ensuite, dans la proportion d'un quart environ, au foin et à la paille, on n'a rien à craindre de l'action de leurs aiguillons sur la bouche des animaux, qui les mangent avec avidité. Les fermiers intelligents recherchent beaucoup le fumier qui résulte de ce mélange, et qui favorise singulièrement la culture.

« Les volailles s'engraissent rapidement quand on les met au régime des graines d'ortie ; on extrait de ces graines une huile d'un goût délicat et qui, prise en décoction, rappelle chez les jeunes mères la sécrétion du lait. Elle produit encore une dérivation dans certaines maladies ; appliquée à l'extérieur, elle ranime la sensibilité des tissus de la peau, augmente l'élasticité des muscles et rend plus facile le jeu des articulations.

« Olivier de Serres, le père de l'agriculture française, enseigne que « l'ortie rend une exquise ma-« tière dont sont faictes des belles et desliées toiles; « mais dont, par malheur, il y en a si peu qu'on n'en « sauroit faire autre estat que pour la curiosité ». En effet, depuis un temps immémorial, on fabrique en Chine des toiles merveilleuses, tissées avec la filasse que donne l'ortie. L'ortie lutte avantageusement contre les plus fins produits du plus beau lin; enfin elle a sur ce dernier le remarquable avantage

se de rouir complètement après un séjour d'une semaine sous l'eau.

« Malgré tant de perfections, l'ortie reste, en Europe, reléguée parmi les parias des champs. On
l'arrache impitoyablement partout où elle pousse si
abondamment d'elle-même. Ni Olivier de Serres
en 1620, ni Rozier en 1771, ni Valmont de Bomare
en 1780, ni Bartolini en 1809, ni Milloix en 1852,
n'ont pu, malgré des expériences concluantes
et des essais faits en grand, 'obtenir qu'on se mît
à cultiver l'ortie et à profiter des immenses pro-
fits qu'elle offre à ceux qui consentiraient à l'exploiter.

« Lorsque, en 540, saint Waast apporta dans les
Gaules la lumière de l'Évangile, il remarqua un jour,
dans les campagnes désolées par les soldats de Ra-
gnacaire, un paysan qui s'évertuait à enlever de
son champ, sur lequel avaient campé les barbares,
le fumier laissé par leurs chevaux. Le front baigné
de sueur, le pauvre diable le transportait à grands
efforts de bras dans un fossé éloigné.

« Mon ami, lui dit le saint, chaque pelletée de
« fumier que vous enlevez de votre champ est une
« gerbe de récolte que vous en ôtez. »

« L'Atrébate haussa les épaules et rit sans façon
au nez du prélat.

« Vous m'en comptez de belles! répliqua-t-il.
« Parce que vous êtes un clerc, vous pensez à tort
« que vous me ferez croire à de pareilles bourdes.
« Ce fumier qui exhale une si mauvaise odeur, et
« qui m'empêche de labourer mon champ, empoi-
« sonnerait et ferait pourrir le blé que je compte y

« semer. Allez chercher autre part des imbéciles à
« gausser ! »

« Le saint fit un signe de croix sur le fumier,
qui, de lui-même, se transporta aussitôt et tout
entier dans un champ voisin.

« Le propriétaire de ce champ se prit d'une violente colère, courut sus à saint Waast et faillit lui
faire un mauvais parti.

« Quel tort vous ai-je causé, méchant sorcier?
« s'écria-t-il, pour que vous encombriez mon
« champ de pareilles ordures? Si vous ne les faites
« point disparaître, comme vous les avez amenées,
« au moyen d'un maléfice, je vous brise la tête
« d'un coup de ma hache de pierre. »

« Le saint répondit :

« Puisque vous ne voulez point de ce fumier fé-
« cond, je vais l'envoyer dans les dépendances
« de mon évêché. »

« Et, d'un signe de croix, il le fit comme il l'avait dit.

« La moisson venue, les champs des deux paysans
ne produisirent que des épis maigres, chétifs et
rares, tandis qu'une récolte magnifique couvrait le
domaine de saint Waast.

« Le prélat vint en personne inviter les deux
entêtés routiniers à s'assurer par leurs yeux des
effets que produisent les engrais; ni l'un ni l'autre
ne voulut se déranger.

« Jamais les ordures ne seront bonnes à quoi que
« ce soit! » répliquèrent-ils obstinément.

« Il fallut encore plus de deux siècles pour que
les habitants du Cambrésis et de l'Artois se déci-
dassent enfin à fumer leurs terres.

« N'est-ce point là un peu l'histoire de l'ortie et du dédain qu'elle inspire.

« Un jour, — peut-être demain, peut-être dans un siècle, — on se demandera comment l'agriculture française a pu si longtemps méconnaître l'ortie, et négliger un moyen facile et peu coûteux de nourrir les bestiaux, et de se procurer, presque sans travail, un produit pour le moins aussi utile que le lin.

« Voici pourtant déjà trois siècles qu'Olivier de Serres, avec l'autorité de son nom et de sa science agricole, a professé sur l'ortie les enseignements qu'après cet illustre agronome nous répétons humblement aujourd'hui.

« Ce n'est point seulement près de l'eau que se montrent les fleurs d'automne. On en compte bon nombre sur les bords des chemins. Là, on rencontre à chaque pas la *saponaire*, que le pharmacien récolte comme sudorifique, et de laquelle les ménagères de campagne se servent en guise de savon pour lessiver leur linge; l'*ansérine blanche* à tige canelée, que les oiseaux préfèrent au millet et dont les feuilles rivalisent de goût avec l'épinard; l'*amarante à queue de renard*, qui produit de longues grappes de fleurs cramoisies.

« Le nom de l'amaranthe signifie, en grec, *qui ne se flétrit point*. Les anciens la consacraient aux morts; les sorciers du moyen âge attribuaient des vertus magiques à sa fleur, entre autres le don de valoir à ceux qui en portaient des couronnes, les faveurs de la fortune et des grands.

« Malherbe dit dans des vers adressés au roi Henri IV :

La louange dans mes vers
D'amaranthes couronnée
N'aura sa fin terminée
Qu'en celle de l'univers.

« La reine Christine de Suède institua, en 1633, un *ordre de l'Amaranthe*. La croix en émail portée par les chevaliers représentait une amaranthe avec cette devise : *Dolce nella memoria*. Enfin, Molière, dans les *Femmes savantes*, fait sur l'amaranthe un calembour, le seul peut-être que contiennent ses œuvres entières ; il est juste d'ajouter qu'il le me dans la bouche de Trissotin :

L'amour si chèrement m'a vendu son lien,
Qu'il m'en coûte déjà la moitié de mon bien ;
　　Et quand tu vois ce beau carrosse,
　　Où tant d'or se relève en bosse,
　　Qu'il étonne tout le pays,
Et fait pompeusement triompher ma Laïs.
　　Ne dis plus qu'il est *amaranthe*.
　　Dis plutôt qu'il est de *ma rente !*

« L'*arthémise vulgaire*, qu'on nomme dans les campagnes l'*herbe aux cent goûts*, et dans le langage médical l'*armoise*, se reconnaît à ses tiges rameuses et rougeâtres, à ses feuilles découpées, vertes en dessus, blanches et cotonneuses en dessous, à ses fleurs, que recouvre une sorte de duvet. Elle jouit de la plupart des propriétés de l'*absinthe*, à côté de laquelle l'ont classée longtemps les botanistes.

« Les distillateurs substituent trop souvent l'armoise à l'absinthe pour fabriquer la liqueur qui, en Afrique, a plus décimé nos armées que les Arabes et les fièvres paludéennes.

« Il y a trois espèces d'absinthe : la *grande* se plaît dans les lieux arides, pierreux et montueux. Ses tiges droites atteignent jusqu'à quatre pieds de hauteur ; ses feuilles, profondément découpées, sont argentées, et ses fleurs, qui s'épanouissent vers le mois d'août, se dressent en grappes d'or pâle. Elle possède un principe tellement amer, qu'il se communique au lait des bestiaux qui la broutent.

« Pline prétendait que les brebis qui mangeaient de l'absinthe n'avaient point de fiel ; nous n'avons pas besoin d'ajouter qu'en parlant ainsi il se faisait l'écho d'une erreur populaire. Quoi qu'il en soit, l'absinthe était en honneur chez les Romains. Aux courses de char, qu'on donnait pendant les féeries latines, on offrait au vainqueur une décoction d'absinthe. Les uns veulent voir dans cette coutume un hommage rendu aux propriétés salutaires de la plante. Selon les autres, l'amertume du breuvage devait rappeler au vainqueur que la gloire n'est jamais sans mélange. Peut-être n'était-ce tout simplement qu'une tradition de l'usage antique qui voulait que les Égyptiens initiés aux mystères d'Isis portassent à la main des rameaux d'absinthe.

« Quand on mélange d'eau la liqueur d'absinthe, elle blanchit et devient savonneuse. Ce phénomène est dû à la présence de l'huile essentielle qu'elle contient.

« Durant les premières années de la guerre d'Afrique, l'usage du vin d'absinthe se répandit peu à peu dans l'armée française. Des officiers elle passa aux soldats, et ne tarda pas à produire de tristes effets.

« Ce fatal mélange de teinture alcoolique et de vin blanc délabre les estomacs les plus robustes, abrutit de nobles intelligences, et prive de leur raison des milliers de braves soldats.

« Les compagnies de discipline recrutent la plupart de ceux dont elles se composent, parmi les buveurs d'absinthe.

« L'ivresse que produit ce funeste breuvage a quelque chose de sinistre. Plus dangereuse que le vin et que l'eau-de-vie elle-même, elle rend ses adeptes sombres, hébétés et disposés à la violence ; une fois qu'on a contracté l'habitude de ce poison, rien n'en peut guérir.

« En 1845, j'ai vu, au camp d'El-Arouch, un zéphir qui venait de passer trois mois au fond d'un silos. Il avait commis, sous l'influence de l'absinthe, les fautes les plus déplorables. J'obtins sa grâce du commandant : le surlendemain, on rapportait au camp le malheureux sans vêtements et dans un véritable état de démence. A peine libre, il s'était enfui et il avait vendu son uniforme, ses souliers et jusqu'à sa chemise, pour pouvoir s'enivrer d'absinthe.

« Ce jeune soldat appartenait à une famille riche et honorable. Engagé volontaire, intelligent, d'une excellente conduite, brave à toute épreuve, il avait rapidement conquis les grades inférieurs. Ses camarades l'adoraient pour son courage et pour sa gaieté ; ses chefs s'estimaient heureux de contribuer à son avancement. Déjà sergent-major, encore un peu il allait échanger l'épaulette de laine pour l'épaulette d'argent du sous-lieutenant quand il prit goût à l'absinthe.

« Un an après on le dégrada. Il comparut ensuite devant un conseil de guerre, et on l'incorpora dans une compagnie de discipline. Il finit par déserter et par passer à l'ennemi; les Arabes, fatigués de ses violences, s'en débarrassèrent un jour en l'assassinant.

« Revenons bien vite à nos fleurs d'automne.

« Regardez encore la *fétuque bleue*, dont les feuilles d'un vert miroitant produisent de brillants reflets; l'*épervière* à la taille élancée et aux fleurs d'un jaune citron; la *chondrille*, la *mercuriale* à l'odeur suspecte, et qu'en Suisse les jeunes mariées mangent aux risques de s'exposer à un long assoupissement et parfois à des vomissements, pour que leur premier-né soit un garçon; enfin la *pariétaire*, dont les tiges fibreuses et velues se couvrent de feuilles en forme de lance. Lorsqu'on touche à ces fleurs, elles lancent au loin le pollen qu'elles contiennent, et en forment un petit nuage.

« Telle est la phalange des plantes sauvages de l'arrière-saison.

« Il ne faut point, toutefois, oublier de citer encore parmi ces courtisans du malheur que n'empêchent de fleurir ni les brumes, ni les pluies, ni les premiers froids, la *gentiane* et l'*arroche*, qu'on appelle la *belle et bonne dame*, qu'on mange en salade, et qui, mélangée à l'oseille, en adoucit l'acidité. Sa sœur, l'*arroche puante*, exhale une odeur fétide quand on l'écrase.

« La *pâquerette* ou *marguerite des prés* fleurit en toutes saisons.

« La première, au printemps, elle émaille de ses

étoiles blanches au cœur d'or les prairies, les bois, les bords des fossés ; on la rencontre partout où viennent un peu d'humidité et de soleil ; on la retrouve encore à l'automne, mais cette fois plus pâle et plus petite. Au moment où tombe la neige et où la gelée durcit la terre, elle se flétrit ; mais qu'un vent moins âpre et moins inclément vienne à souffler, que le sol s'amollisse si peu que ce soit, et elle renaît tant bien que mal. Comme l'espérance dans le cœur de l'homme, elle persiste à fleurir jusqu'à la mort.

« Il y a des plantes qui donnent des fleurs deux fois l'année ; c'est le *pavot*, la *coronille* ou *faux baguenaudier*, l'*astrocarpus*, espèce de réséda ; le *pissenlit*, injustement dédaigné, et la *lavande*, qui affectionne les roches de Fontainebleau.

« La lavande forme de charmants petits buissons, parfois hauts de près d'un mètre ; un duvet blanchâtre revêt ses feuilles glauques ; et ses fleurs d'un bleu pâle se trouvent réunies en épis au sommet de ses rameaux.

« La médecine emploie la plante entière comme cordial, et la pharmacie en extrait une huile qui contient beaucoup de camphre, et dont le parfum pénétrant rappelle trop souvent l'odeur de la thérébenthine.

« Dans le département de Vaucluse, les habitants voisins du mont Ventoux s'occupent de la récolte et de la distillation de la lavande. On en fabrique, en moyenne, chaque année, trois mille kilogrammes d'huile essentielle. Hélas ! le commerce, comme il n'en a que trop l'habitude pour la plupart des pro-

duits qu'il met en circulation, falsifie cette huile ! Il
y mêle de l'huile d'œillette ou y fait infuser des
plantes étrangères !

« La lavande ne veut accepter aucun servage.
Dès qu'on essaye de la cultiver dans les jardins,
elle ne tarde point à dégénérer ; ses fleurs bleues
pâlissent peu à peu et deviennent blanches. Si l'on
reporte la lavande au milieu de ses chers rochers,
elle reprend immédiatement sa verdeur et ses
fleurs d'azur.

« La lavande jouait au moyen âge un rôle important dans les opérations magiques ; on en faisait des
philtres, surtout des philtres amoureux. Les pères
Jacob-Jacques Sprenger et Jean Nider, maîtres-
profès des inquisiteurs, dans leur ouvrage latin
intitulé *Malleus maleficiorum* (le *Marteau des Sorciers*), publié à Lyon en 1669, la signalent comme
un des agents les plus actifs de la séduction diabolique. « Quand on peut obtenir, disent-il, qu'une
« femme se baigne le visage et la poitrine d'eau de
« lavande préparée dans un pot neuf, à minuit et
« pendant le premier quartier de la lune, elle ne
« peut se défendre contre les séductions du mé-
« créant qui a obtenu d'elle qu'elle pratique cette
« onction réprouvée. Matthieu Lebrun a été brûlé
« vif sur le Marché aux Veaux pour avoir mené à
« malefin, au moyen de l'eau de lavande, Jehanne
« Lormay, femme de Pierre Vanin, baigneur de la
« rue des Étuves. Il fit, avant de monter sur le bû-
« cher, après avoir été mis à la torture, la confes-
« sion de la méchanceté du sort qu'il avait jeté sur
« ladite Jehanne, laquelle a été rasée et mise en

« un couvent de pénitentes, où elle demeurera
« jusqu'à sa mort. »

« Aujourd'hui, grâces à Dieu, l'eau de lavande
n'est plus qu'un parfum équivoque et inoffensif.
Elle ne mène plus personne, ni au bûcher, ni au
cloître. On prétend même qu'elle contribue à conserver les cheveux et à les empêcher de tomber.
J'ai bien peur qu'il n'en soit de cette vertu-là
comme de ses propriétés maléficières. »

CHAPITRE X

DANS LES POLDERS DE LA CAMPINE

Pendant trois années environ, la vie se passa
égale et douce dans l'heureuse maison de M. Bogaerts, sauf que Norbert devenait chaque jour,
pour ainsi dire plus robuste et plus intelligent et
que l'excellente Tréa se cassait et vieillissait beaucoup.

La digne Flamande n'en menait pas moins haut la
main les deux servantes placées sous ses ordres,
et s'occupait sans cesse de la petite Odile, comme
elle l'appelait et qui devenait plus jolie encore en
grandissant; elle savait lire, écrire correctement
le francais et l'anglais que lui enseignait son frère
et peignait des fleurs et des insectes de façon à
émerveiller M. Raparlier qui se piquait avec raison
d'être un grand connaisseur dans ce genre de
peinture. Enfin Tréa racontait avec orgueil à qui
voulait l'entendre que nulle ne savait comme sa
petite fille, broder, coudre, tailler un vêtement et
à seconder, dans ce soin délicat, de veiller à l'ordre

rigoureux qui prévalait dans la maison, dont elle, dame Tréa, lui avait donné la direction.

Chaque soir à la même heure, M. Raparlier et Norbert arrivaient à cheval devant la porte de M. Bogaerts, sur le seuil de laquelle Mlle Mine avait pris l'habitude de les attendre, pour leur faire fête la première.

Non seulement l'académicien et son élève, s'entretenaient soit en anglais, soit en allemand, soit en grec, mais à toutes ces langues ils avaient ajouté la langue arabe, dans laquelle excellait M. Raparlier. Quand M. Bogaerts l'interrogea sur les motifs de cette nouvelle étude, il répondit par un sourire singulier et qui semblait cacher une mystérieuse pensée.

Je n'ai point besoin de vous dire que durant les soirées qui réunissaient ce petit monde passionné pour la botanique, on ne parlait guère que de cette science, la plus attrayante peut être entre toutes.

Tantôt M. Bogaerts signalait un fait nouveau ou peu connu, observé sur les plantes qu'il cultivait dans son jardin et dans sa serre, tantôt M. Raparlier parlait de ses voyages et des plantes inconnues qu'il y avait recueillies pour en doter la France. L'énumération des propriétés de ces plantes arrivait naturellement et c'est ainsi qu'il raconta ce qu'on va lire :

« Les polders et la Campine formés par des alluvions constituent une espèce de terre de désolation, qu'on ne saurait mieux comparer, en France, qu'à certaines parties de la Sologne et des Dombes.

« Nulle part, en effet, les fièvres ne sévissent plus violemment et plus constamment que dans ce vaste

espace de terrain, entrecoupé à chaque pas do
marécages, dont les eaux stagnantes infectent l'air
à plusieurs kilomètres à la ronde. Le gouvernement
belge a dû renoncer à maintenir des garnisons dans
certaines forteresses des polders et de la Campine,
et l'on n'a point oublié par quels ravages, en 1810,
les armées française et anglaise, devant Flessingue
et l'île de Walcheren, se trouvèrent décimées.

« Il y a vingt-cinq ans environ, qu'un soir un voyageur, égaré au milieu de cette espèce de désert,
vint demander l'hospitalité dans l'une des fermes
clairsemées qu'habitent çà et là un petit nombre
de cultivateurs nés dans le pays et qui s'obstinent à
y demeurer pour y exploiter une terre aussi perfide
que dangereuse. On se hâta d'ouvrir à l'hôte inattendu et de l'introduire dans une grande pièce ser-
vant à la fois de cuisine et de salle à manger. Une
jeune fille, hâve et minée par la fièvre, se rap-
procha péniblement du foyer pour céder un peu de
place au voyageur sous la haute cheminée remplie
de tiges d'œillette et de colza, et deux ou trois
petits enfants, aussi pâles et aussi malades que
cette jeune fille, soulevèrent à peine, pour regarder
l'étranger, leur tête languissante, qu'ils laissèrent
presque aussitôt retomber sur leurs genoux. Cependant la maîtresse du logis dressait de ses mains
tremblantes une table sur laquelle elle plaçait ses
meilleures provisions et invitait l'étranger à y prendre place.

« — Vous nous excuserez, dit-elle, de ne pas par-
« tager avec vous ce souper ; les fièvres sévissent
« sur toute ma famille et sur moi avec tant de vio-

« lence que, sans doute, il ne restera bientôt plus
« ici que des cadavres. Tous nos domestiques et
« nos laboureurs sont morts ou nous ont aban-
« donnés ; mon mari ne peut plus quitter son lit
« depuis hier, et vous voyez dans quel état mes
« enfants et moi nous nous trouvons. »

« La personne à laquelle elle parlait ainsi était un
homme d'une cinquantaine d'années, de petite taille,
mais d'une constitution robuste. Une boîte de fer-
blanc, qu'il avait déposée à ses pieds, près d'un
long bâton armé d'une pointe de fer à l'une de ses
extrémités, indiquait ses goûts de botaniste et le
motif qui l'amenait dans les polders à la recherche
des plantes qui constituent la flore de cette contrée.

« — Chère dame, dit-il, il ne faut jamais déses-
« pérer de la Providence. Si vous voulez suivre
« mes conseils, la fièvre ne tardera point à quitter
« votre maison, et je vous donnerai ensuite les
« moyens de l'empêcher d'y jamais rentrer. »
La fermière secoua tristement la tête.

« — A moins que vous ne soyez doué du don de
« miracle, répondit-elle, vous ne sauriez opérer un
« pareil prodige. Aussi, dès demain, allons-nous
« quitter à jamais cette ferme, pour chercher quel-
« que autre endroit où, de maîtres, nous devien-
« drons des serviteurs à gages. Mieux vaut après
« tout la misère que la maladie et la mort !

« — Eh bien, puisque vous me donnez l'hospi-
« talité ce soir, interrompit M. van Acker (c'est
« ainsi que se nommait le botaniste), acceptez-la,
« à votre tour, chez moi, pendant quelques se-
« maines. Le changement d'air, secondé par l'ac-

« tion du quinquina, ne tardera pas à vous rendre
« la santé. Je viens d'acheter dans les Flandres
« une grande maison de campagne ; je n'y habite
« que l'été, et vous y passerez tout le temps de
« votre convalescence. Vous y serez presque chez
« vous et vous pourrez, si bon vous semble, mettre
« en culture certaines parties de mon parc, qui se
« trouvent encore incultes. De cette manière, je
« ferai une excellente affaire tout en vous obligeant.
« Pendant ce temps-là, je me charge d'assainir
« votre ferme, et, comme je vous l'ai dit, d'en
« chasser à jamais la fièvre.

« Le lendemain, en effet, toute la famille partit
avec M. van Acker et se trouva, à deux jours de là,
dans une grande maison de campagne en excellent
air.

« Deux mois après, c'est-à-dire vers la fin d'avril,
M. van Acker vint visiter, dans l'asile où il l'avait
établie, la famille des polders. Il eut peine à reconnaître, dans les enfants joyeux et frais, dans le
robuste laboureur et dans la vive et avenante petite
femme, qui vinrent à sa rencontre, les malheureux
que la fièvre étiolait naguère si cruellement.

« Que Dieu et la sainte Vierge vous bénissent,
« monsieur ! vous nous avez guéris. Voyez comme
« nos enfants sont beaux et bien portants, » s'écria
la mère les larmes aux yeux.

« — Eh bien, votre ferme est guérie comme eux,
« et vous pouvez désormais l'habiter sans crainte
« de la fièvre. »

« La fermière pâlit.

« — Ah ! fit-elle tremblante et s'appuyant sur sa

« fille, retourner dans ce lieu diabolique ! plutôt la
« mort ! Savez-vous que j'y ai vu périr trois de mes
« enfants, que mon père et ma mère y ont suc-
« combé jeunes encore, et que, sans vous, mon mari
« y laissait ses os !

« — Voyons, avez-vous confiance en moi? reprit
« M. van Acker quand elle se fut livrée à la viva-
« cité de son premier mouvement. Vous ai-je
« trompée jusqu'ici? Faites avec moi, vous et votre
« mari, un voyage dans la Campine jusqu'à votre
« ferme. S'il vous reste quelque crainte, vous re-
« viendrez retrouver ici ces chers enfants et vous
« ne les quitterez plus. »

« Elle essuya du revers de la main les larmes qui
remplissaient ses yeux, et dit en s'efforçant de sourire :

« — J'ai tort de douter de vous, partons! »

« Ils partirent en effet le soir même, et le lendemain ils arrivèrent dans les polders.

« Je vais devenir votre voisin, leur dit alors
« M. van Acker, car j'ai acheté la jolie ferme que
« vous voyez là-bas, à un kilomètre de la vôtre ; je
« compte l'habiter et l'exploiter. Je l'ai assainie à
« jamais comme celle-ci par un moyen bien simple :
« il m'a suffi de quelques travaux pour faciliter l'é-
« coulement des eaux, et de ces plantations de
« tournesols qui bordent les fossés et qui commen-
« cent à ressembler à de petits arbres. Bien peu de
« temps a suffi pour qu'ils poussent ainsi, puis-
« qu'ils ne sont encore âgés que de deux mois. Sans
« compter qu'ils n'ont point encore atteint leur
« hauteur; certains d'entre eux s'élèveront à 10 ou

« 15 pieds. En outre des bords de nos nouveaux
« ruisseaux, j'ai planté de ces mêmes tournesols
« environ un are de terre voisin de nos habitations,
« et je défie la fièvre d'en approcher désormais !
« Comment le tournesol absorbe-t-il ou détourne-t-
« il les miasmes paludéens? Je n'en sais rien ; mais,
« ce que je sais, c'est qu'ils éloignent immédia-
« tement à jamais la fièvre intermittente, sans
« compter qu'ils meublent la terre et qu'ils per-
« mettent qu'on leur donne des auxiliaires, en plan-
« tant des buissons et des arbres, plus lents à
« pousser, mais qui ne meurent pas tous les ans.

« En outre des semis de tournesols que j'ai faits
« pendant votre absence et qui déjà ont produit de
« si beaux plants, il vous faudra en faire d'autres de
« mois en mois, à mesure que les eaux se retire-
« ront des marais, et je défie la fièvre de repa-
« raître ! »

« Un mois après, la femme, pleine de sécurité,
alla chercher ses enfants dans les Flandres et les
ramena à la jolie exploitation de la Campine, trans-
figurée et assainie à jamais.

« Vous croyez sans doute que, depuis un quart
de siècle, on a planté de tournesols la Campine et
les polders ?

« Hélas ! il n'en est rien.

« Depuis dix ans, écrit un agriculteur distingué,
« M. van Alstein de Graaw, grâce aux plantations
« de tournesols, pas un cas de fièvre ne s'est mani-
« festé dans la grosse ferme que j'exploite en
« pleine Campine. Elle n'a atteint ni ma femme,

« ni mon personnel, ni mes nombreux ouvriers à
« la journée.

« La fièvre continue ses ravages ordinaires chez
« mes voisins, qui ont l'entêtement de ne point
« profiter des expériences qu'ils ont sous les yeux,
« tandis qu'elle épargne ceux qui ont adopté la
« culture du tournesol. »

« O la routine ! la routine ! s'écrie Paul-Louis
« Courier. Mettez-lui entre les mains une lanterne
« pour l'empêcher de tomber dans un précipice, la
« sotte fermera les yeux, et elle la brisera ! »

CHAPITRE XI

OU LA BOTANIQUE FAIT LA FORTUNE D'UNE ORPHELINE

« Ce que vous venez de nous raconter, mon ami, dit M. Bogaerts, me rappelle un fait à peu près semblable que m'a conté souvent mon père.

« Déjà d'un grand âge, son amour pour la botanique le faisait souvent parcourir la France, et voici ce qui lui est arrivé dans ce pays.

« Une jeune fille, assise tristement sur le seuil de sa porte, travaillait à un tricot de laine, non sans quitter de temps à autre sa besogne pour essuyer les larmes qui tombaient de ses yeux. Le cadre dans lequel elle était placée semblait tout à fait disposé pour se trouver en harmonie avec le teint brun, les yeux noirs, les petites mains fines et de race, et le costume pittoresque de la pauvre désolée. C'était une maisonnette construite en pierres sèches, au bas d'un mamelon stérile, sec, aride, entre les interstices rocailleux duquel se montraient à peine çà et là quelques-unes des maigres herbes sauvages qui arrivent, par une sorte de miracle, à pousser dans les terrains les plus impropres à la production végétale. Seule, une chèvre gaie, alerte, familière, courait de çà de là, escaladait en quelques bonds le mamelon, le descendait plus vite encore pour venir frotter doucement le bout de son museau frais contre la main de sa maîtresse, et donnait quelque vie à cette solitude presque lugubre : d'autant plus qu'elle se trouvait à dix bons kilomètres d'Antibes, loin de toute espèce de route praticable aux voitures et sans autre moyen de communication qu'une sente étroite, ou plutôt une large ornière remplie de cette poussière blanche et âcre qu'on ne trouve que dans le midi de la France.

« A sa grande surprise, Mariette (c'est ainsi que s'appelait la jeune fille) vit tout à coup apparaître devant sa porte un vieillard qui semblait accablé de fatigue, et qui demanda la permission de se reposer un moment à l'ombre de la chaumière.

« — Si vous pouviez joindre à cet acte d'hospi-
« talité une tasse de lait et un morceau de pain,
« ajouta-t-il, vous compléteriez votre bonne action,
« car je me suis égaré ce matin en herborisant, et
« je me meurs littéralement de soif et de faim. »

« Mariette fit un signe à la chèvre, qui accourut docilement et présenta son large et lourd pis aux doigts effilés de sa maîtresse ; celle-ci remplit de lait une grande tasse en bois. Tandis que le voyageur buvait ce lait avec avidité, Mariette alla chercher un morceau de viande froide, quelques fruits et un chanteau de pain qui, pour compter déjà plusieurs jours de cuisson, n'en parut pas moins savoureux à l'affamé.

« — Mon enfant, dit celui-ci à Mariette quand il
« se sentit rassasié et reposé, jusqu'à présent je ne
« me suis occupé que de moi ; voulez-vous bien
« me permettre maintenant de m'occuper de vous ?
« Vous pleuriez tout à l'heure quand je suis arrivé.
« A votre âge, les chagrins du cœur peuvent seuls
« triompher de l'heureuse insouciance de la jeu-
« nesse. Voyons ! vous aimez quelque beau gars qui
« ne vous aime pas, le maladroit ! ou qui vous aime,
« mais duquel vous séparent des circonstances que
« vous allez me raconter, n'est-ce pas ? Je ne crois
« point au hasard ; ce n'est donc point le hasard qui
« m'a conduit ici pour que vous me veniez en aide,
« et que je vous vienne en aide à mon tour. Voyons,
« parlez-moi comme si j'étais votre père ; j'en ai
« l'âge et les instincts.

« — Mon père et ma mère sont morts, répondit
« Mariette. Ils ont laissé pour tout héritage à leur
« orpheline cette cabane et ce bout de terrain
« stérile. Les parents de Louis me trouvent trop
« pauvre pour me le laisser épouser. Voilà toute
« mon histoire.

« — Je ne suis guère riche moi-même, répondit
« le vieillard ; mais, à défaut d'argent que je ne
« possède point, je puis, quoique je ne sois point
« sorcier, soyez-en bien certaine, transformer cette
« propriété en un petit paradis terrestre et lui
« donner une grande valeur. Laissez-moi étudier
« un peu les moyens de réaliser mes promesses,
« maintenant que, grâce à votre hospitalité, je me
« sens alerte et dispos comme un jeune homme. »

« Il procéda ensuite à un examen long et sérieux du terrain. Quand il eut terminé ce travail :

« — Mon enfant, dit-il, il n'y a pas moyen d'a-
« mener d'eau sur le mamelon qui domine votre
« héritage ; mais, malgré cela néanmoins, on peut
« le rendre fertile. Quant à la petite vallée où s'é-
« lève cette maison, avant peu il en sortira là, à cet
« endroit où je pose mon bâton de voyage, une jo-
« lie fontaine, fort abondante, ma foi, et qui fécon-
« dera tout autour d'elle. Je suis botaniste par pas-
« sion, mais je suis hydroscope par profession,
« c'est-à-dire que je sais découvrir les sources sou-
« terraines, non pas à l'aide d'une baguette ma-
« gique, mais à l'aide d'études géologiques. Or,
« je le répète, il y a là, à deux mètres au plus de
« profondeur, une source abondante. Nous com-
« mencerons par elle ; demain je viendrai avec
« des ouvriers intelligents délivrer l'eau captive
« sous le sol de votre jardin et la mettre à votre
« disposition. »

« Le lendemain, en effet, le vieillard revint avec
quatre hommes qui, à l'aide de sondes, à coups de
pioche et sous la direction de l'étranger, mirent en
liberté la source, lui creusèrent un lit et la firent
serpenter à travers le jardin desséché de Mariette,
ébahie et n'en pouvant croire ses yeux.

« — Avec des graines que voici, un arrosoir dont
« je vous fais don, et de bons petits bras qui, pour
« être menus, n'en sont pas moins, je le parie, in-
« fatigables à la besogne, vous possédez mainte-
« nant les moyens d'obtenir, non seulement des
« fruits et des légumes, mais encore des primeurs
« qui se vendront cher à ceux qui vont les acheter

« de ferme en ferme pour les expédier à Paris, et
« qui ne manqueront pas de faire assidûment em-
« plette des vôtres dès qu'ils sauront que nulle
« part, dans le pays, on n'en trouve de plus abon-
« dantes, de plus belles et de plus précoces. Je
« vous enseignerai comment il faut vous y prendre
« pour obtenir promptement tout cela.

« Maintenant occupons-nous de planter et de peu-
« pler ce mamelon sec et nu. Pour cela, je vais re-
« courir aux plus belles plantes de la flore de votre
« pays, à celles qui résistent le mieux sans culture
« aux longues sécheresses de l'été. J'y ajouterai,
« s'il le faut, les végétaux du nord et du sud, dont
« le tempérament peut également supporter le
« manque d'eau et qui poussent sur les crêtes des
« murailles, dans les interstices des rochers et sur
« les flancs méridionaux des montagnes. J'aurai
« soin encore de recourir aux plantes grasses à sou-
« ches charnues, à racines profondes et à épiderme
« épais. Enfin je compléterai cet ensemble, qui
« n'est pas déjà sans mérite, par la culture des
« plantes qui fleurissent en hiver et au printemps,
« c'est-à-dire avant les longues sécheresses. Voilà
« pour le sommet le plus élevé du mamelon.

« Au-dessous, en descendant là où il y a plus
« de chances de rencontrer une terre moins âpre
« et moins torréfiée, je mettrai des plantes an-
« nuelles grimpantes : une pompe à main que je
« joindrai à vos ustensiles de jardinage vous per-
« mettra de lancer et faire parvenir jusqu'à elles
« quelques gorgées d'eau de votre source : cet
« arrosage suffira à leur donner le développe-

« ment rapide qui les caractérise dans ces contrées.

« Le reste du terrain se couvrira d'arbrisseaux et
« d'arbres parmi lesquels domineront des conifères
« méridionaux, que nous ne planterons pas trop
« jeunes, afin qu'ils puissent mieux résister aux
« feux du soleil d'été et apporter avec eux de
« l'ombre.

« Nous touchons à l'automne ; le moment est fa-
« vorable, mettons-nous donc à l'œuvre. »

« En effet le vieillard, qui, tout en parlant de sa
pauvreté, — il est vrai qu'il n'en parlait qu'en
souriant, — semblait ne pas regarder beaucoup à
l'argent, revint à sept ou huit jours de là avec un
chariot rempli d'arbres, d'arbustes, de plantes et
de graines.

« C'étaient d'abord des pins d'une espèce particulière, susceptibles d'atteindre de belles proportions, dont le port élégant imprime un aspect tout
spécial au paysage, et qui n'ont rien de la roideur
des pins du Nord. On les reconnaît à leur feuillage
d'un vert gai et à leur charpente des plus acci-
dentées. Venaient ensuite diverses espèces de
chênes : le chêne-vert, le chêne-liège et le chêne-
kermès, le chêne à feuilles caduques, et notamment le *quercus pubescens*, si précieux en été par
la fraîcheur de son ombrage. Les arbustes à feuilles
persistantes étaient nombreux et devaient contribuer à l'ornementation de la partie du mamelon
située au nord. Citons le laurier, l'arbousier, le
grenadier, le laurier-rose, le lentisque, le laurier-
tin, les *phillyrea*, les *rhamnus olaternus*, les *juni-
perus lycia* et *oxycedrus*, les genêts épineux, les

sparteries, la nicotine verte, et parmi les plantes-
sous-frutescentes, plusieurs beaux cytises, le roma-
rin, le thym vulgaire et la lavande.

« Les plantes herbacées consistaient en iris et en
nombreuses espèces de narcisses : on y voyait en
outre plusieurs tulipes, la scille des ophris, qu'on
appelle je ne sais pourquoi des *hommes pendus*,
des *orchis*, des *linées*, des *gradiolus*, de nombreuses et belles espèces de la famille des com-
posées : l'*atractylus humilis*, le *galactites tomen-
tosa*, le *leuzea conifera*, l'acanthe molle, la férule
commune, tous constituant un admirable fonds de
végétation qui ne demande jamais le secours du
jardinier.

« Ajoutez à cette végétation indigène des plantes
exotiques, déjà presque partout naturalisées : *l'agave
americana* dont les hampes gigantesques embel-
lissent le paysage, des *opuntia* et d'autres belles
plantes de la famille des cactées, plusieurs *yucca*,
plusieurs *mesembrianthemum* et notamment l'*edule*
et l'*acinaciforme*, l'aloès *fruticosa, vulgaris, berru-
cosa imbricata, humilis*. Toutes ces plantes grasses
réussissent admirablement dans les terrains secs.
Le vieillard passa ensuite à la famille des dattiers
et des *chamærops* : le palmier (*jubœa spectabilis*).
dont le feuillage l'emporte de beaucoup par sa
beauté sur celui du dattier, apparut non moins
robuste. Une place importante fut réservée aux
eucalyptus, qui en quelques années deviennent de
grands et beaux arbres : citons encore le *globulus*,
le *robusta* et le *diversifolia*. Mais c'est surtout
l'admirable groupe des *mimosa*, dont les fleurs

d'un jaune d'or décorent nos jardins pendant l'hiver, sur lequel avait insisté le vieillard. Quinze à vingt de leurs espèces résistent à un froid de 3 à 4 degrés et ne souffrent nullement des longues sécheresses de l'été. Il avait encore : *misa trinervis, latifolia, cultriformis, albicans, argyrophylla, verticillata, rotundifolio, longifolia, linifolia, retinodes,* les magnifiques *acacia dealbata, lophanta* et *speciosa* qui étonnent par le luxe et la rapidité de leur végétation, comme par l'élégance de leur feuillage, mais sont un peu plus sensibles au froid ; enfin l'acacia *julibrissin,* merveille d'élégance et de grâce, qui toutefois ne conserve pas ses feuilles en hiver.

« Le voyageur continua ses plantations par d'autres végétaux que M. Germain de Saint-Pierre énumère dans son *Étude sur les plantes décoratives et rustiques de la Provence.*

« De tous les arbustes, dit cet horticulteur, celui
« dont je recommande le plus la culture en grand,
« c'est le rosier, non moins séduisant dans le Midi
« que dans le Nord, et qui n'a à redouter aucune
« concurrence des plantes nouvelle venues. Les
« nombreuses variétés du rosier de Bengale sont
« d'un charmant effet, plantées comme clôtures le
« long des routes, mêlées à l'aubépine du Nord, à
« l'aloès (*agave*) et au grenadier du Midi. Je recom-
« mande surtout de multiplier la variété *indica ma-*
« *jor* qui est très robuste et remplace comme sujet
« pour la greffe les églantiers du Nord, qui suppor-
« tent beaucoup moins nos longues sécheresses. —
« Quant aux rosiers greffés, roses thé, roses hy-

« brides remontantes, roses Banks et autres, les
« dimensions ou le nombre de leurs fleurs, leur
« éclat éblouissant, leur parfum délicieux, laissent
« bien loin les rosiers les mieux réussis des plus
« belles collections du Nord. »

« Si, au milieu d'une végétation presque orientale,
le rosier conserve une si grande valeur, les plantes
herbacées vivaces des parterres du Nord doivent
naturellement aussi occuper une place importante
dans les jardins de la Provence. Le protecteur de
la jeune fille multiplia, jusqu'à la profusion, par de
nombreux semis, les collections d'œillets de Chine
et de poète (*dianthus caryophyllus sinensis* et
barbatus), la giroflée de muraille (*cheiranthus
cheiri*) et la giroflée commune (*matthiola incana*),
dont les variétés se multiplient à l'infini ; les valé-
rianes, les *calendula*, les *petunia*, la belle série des
variétés du muflier (*anthirrinum majus*), et, en
général, toutes les plantes qui croissent naturellement dans les rochers, les murailles et les lieux
secs. Ces plantes robustes, n'ayant pas à souffrir
du froid, deviennent presque vivaces. N'oublions
pas les ricins, plantes herbacées annuelles dans le
Nord, devenant, dans le Midi, de grands et beaux
arbres qui ne périssent que dans les hivers excep-
tionnellement rigoureux.

« Le vieillard enseigna encore à la jeune fille à
multiplier de bouture les espèces et variétés robustes de *pelargonium* qui continuent à végéter
avec vigueur et à fleurir pendant la plus grande
partie de l'hiver. Parmi les plantes utiles dans les
grands jardins, il apporta les diverses variétés du

soleil (*helianthus annuus*) et une belle collection de *canna*, qui ne sauraient prospérer que dans le voisinage de l'eau. Mentionnons parmi les plantes qui demandent quelques arrosements, une collection des belles-de-nuit et des capucines.

« Les plantes grimpantes, les plus remarquables peut-être, celles qui réussissent le mieux dans le Midi, appartiennent à la famille des cucurbitacées ; la plupart sont annuelles, il est vrai ; mais la rapidité de leur croissance, l'exubérance de leur végétation compensent bien leur courte durée, qui est de juin à novembre. Les plus remarquables sont le *trichosanthes colubrina*, dont le fruit présente l'aspect d'une longue couleuvre, et dont les fleurs blanches et odorantes ont des pétales longuement ciliés ; le *coccinia indica*, dont le feuillage ressemble à celui d'un lierre, et dont les fleurs tubuleuses blanches et les fruits ovoïdes écarlates décorent admirablement les tonnelles ; le *lagenaria sphærica*, dont les fleurs larges, à odeur de framboise, et les beaux fruits verts maculés de blanc couvrent, en quelque mois, les plus hautes palissades, et couronnent de leur feuillage les plus grands arbres.

« Ai-je besoin de vous dire que l'année suivante, au printemps, non seulement Mariette possédait un jardin qu'on venait voir de tous les points du pays, mais encore qu'elle avait pour la seconder quatre jardiniers travaillant sous les ordres de son mari Louis ?

« Deux ans après, les jeunes époux achetèrent trois nouveaux mamelons qu'ils fécondèrent et peuplèrent de végétaux comme le premier. Aujourd'hui, riches et heureux, ils vont marier leur fille unique à un jeune voisin pauvre qu'elle aime, mais digne d'elle par ses habitudes de travail. La fiancée a cinquante mille francs de dot, son mari de l'intelligence et de bons bras. « Nous étions moins « riches en nous mariant! » aime à dire le mari de Mariette à ceux qui s'étonnent de ce mariage. »

CHAPITRE XII

LES VÉGÉTAUX LUMINEUX

M. Bogaerts avait découvert au fond de son jardin
une sorte de petite galerie souterraine, creusée par
la nature du sol et qui lui parut avec raison propre
à la culture des champignons. Il y fit déposer du fumier, y sema du blanc de champignon, et Tréa ne
tarda pas à faire chaque jour une ample récolte de
ce singulier produit végétal qu'elle se piquait d'as-
saisonner à ravir.

Un soir qu'Odile l'avait accompagnée pour faire
la cueillette quotidienne, elle revint tout effarée en
criant que le feu était dans la champignonnière.

En effet elle s'était tout à coup trouvée en présence
d'une flamme bleue qui parcourait en ondulant les
chapeaux des champignons.

M. Bogaerts la prit sur ses genoux, la rassura en
riant et lui expliqua que tous les champignons jouissaient, quelle que fût la saison, de la propriété de
produire cet effet fantasmagorique.

« Ce n'est point, ajouta-t-il, la seule merveille qui
leur soit particulière. Les champignons se retrouvent

dans toutes les parties du globe ; tantôt exquis comme ceux que nous récoltons et que nous mangeons, tantôt poison redoutable. Une seule nuit en voit naître et mourir certaines espèces, comme le *Bovista gigantea* qui prend en quelques heures les proportions d'une forte gourde et développe dans cette apparition rapide *quarante-sept milliards* de cellules, c'est-à-dire *soixante millions* par minute.

« En général, les champignons surgissent du sol, les uns, par groupes serrés, sur des matières en décomposition.

« Et leurs formes ? Où en trouver de plus variées, de plus étonnantes, de plus inattendues ? Ils prennent celles d'un léger duvet que le moindre souffle dissipe (*mucor*) ; d'un réseau aux mailles serrées (*reticularia*), ou d'une poussière noire ou jaunâtre (*charbon, carie, rouille des céréales*). Tantôt on croirait voir de petites massues (*clavaria*) et tantôt de gracieux pinceaux (*penicillium*). Ailleurs, c'est la figure d'une cupule ou d'un calice (*peziza*), d'une bourse ou d'une vessie (*lycoperdon*), d'une boule solide (*truffe*), d'une mitre (*helvella mitra*), d'une étoile (*geastrum*), d'un parasol (*agarics* et *bolets*), ou même de quelque partie d'une plante (*rhizomorpha*), ou du corps d'un animal (*auriculaire, ergot de seigle, bolet, sabot de cheval*).

« Longtemps le mode de production des champignons est resté un mystérieux problème.

« Théophraste, Pline et Dioscoride les attribuaient à une certaine viscosité née de la putréfaction des plantes. « Ce sont des excroissances du sol produites « par un mélange de sel de soufre avec la graisse

« de la terre », disait en 1669 le botaniste anglais Morison. « Ce sont des plantes nées d'une fer- « mentation putride », écrivait en 1719 le botaniste allemand Dillen.

« Plus près de nous les champignons furent considérés par Necker comme une nouvelle réunion des éléments organiques ou du tissu cellulaire des végétaux. De la Méthrie et Médicus voulurent y voir une cristallisation végétale.

« De leur côté, Tournefort (1707), Mickels (1752) et Haller de nos jours, soutinrent que les champignons, comme tous les végétaux, se reproduisaient au moyen de semences; personne n'en doute plus aujourd'hui.

« La culture des champignons forme une des industries les plus lucratives des environs de Paris.

« M. Husson, dans son livre des *Consommations*, évalue le nombre des maniveaux de champignons qui se vendent à Paris à 1,914,000 du poids de 50 grammes, et contenant chacun de douze à quinze champignons.

« Ces champignons proviennent d'un grand nombre de carrières où on les produit artificiellement. Des préposés, placés sous la surveillance de l'autorité municipale, sont chargés d'examiner aux halles tout ce qui s'introduit de cette denrée, et de s'assurer que des champignons vénéneux ne se glissent point parmi ceux qu'on livre au public.

« Il est sans exemple qu'un empoisonnement par des champignons vénéneux ait eu lieu à Paris.

« Enfin il y a des champignons qui se développent dans l'ivoire, dans les os, dans les dents ; c'est ce qu'a découvert un professeur étranger, M. Wedl, en examinant des dents humaines macérées quelques jours sous l'eau et coupées en minces lames. Il les avait préparées ainsi pour des études microscopiques, et toujours par le hasard, il est arrivé à une découverte imprévue et d'un immense intérêt. Regardez dans un microscope binoculaire de Bertsch, vous y constaterez sur ces lames osseuses d'abord de petites galeries creusées en boyaux, puis dans ces galeries des parasites végétaux ressemblant beaucoup aux parasites qui perforent les coquilles des mollusques.

« Ces étranges plantes qui n'ont rien de commun avec la carie des dents vivantes ne paraissent jusqu'ici se développer que dans les ossements morts.

« D'où proviennent les germes qui les ont enfantés? Faut-il les voir chez les innombrables sporules qui foisonnent dans l'eau de la macération? Je n'en sais rien, mais ce que je puis donner pour certain, c'est qu'il suffit de laisser plonger une lamelle de dent ou d'ivoire dans cette macération, pour que peu de temps après les champignons parasites l'aient envahie; enfin ces singuliers parasites ne datent pas d'hier, car vous pouvez vous convaincre de leur présence sur ces dents de mammifères et de poissons fossiles, qui remontent à quelques milliers d'années.

« Du reste, les champignons ne sont pas les seuls végétaux lumineux, il existe littéralement des fleurs qui flamboient.

« J'ai vu, chez un de mes amis, par un froid piquant au dehors, dans une serre chauffée par des procédés nouveaux et dans laquelle l'électricité joue un rôle actif, créer à peu près à volonté les phénomènes lumineux que présentaient certaines plantes et qui ont émerveillé autrefois Linné et Gœthe. Au mois de juillet 1762, Élisabeth-Christine Linné, fille du célèbre naturaliste, en se promenant le soir dans un jardin, remarqua, non sans vive surprise, que de petits éclairs jaillissaient des fleurs d'une touffe de *tropœolum majus*. Or savez-vous ce que les botanistes nomment *tropœolum ?* c'est la *capucine !* la capucine, cette plante populaire et grimpante ! la capucine, si vulgaire que sa fleur a donné son nom à une couleur !

« Élisabeth courut aussitôt chercher son père et quelques amis qui l'accompagnaient et les rendit, à leur tour, témoins du phénomène qui l'avait étonnée. Peu de temps après, elle publia, dans les *Mémoires de l'Académie de Stockolm*, une note à ce sujet.

« Ce n'est point seulement chez la capucine, mais encore chez le souci (*calendula officinalis*), chez le lis bulbeux (*tilium bulbiferum*), chez le grand œillet d'Inde (*tagetes erecta*), chez l'œillet du Mexique (*tagetes palula*), chez l'hélianthe annuel, frère du topinambour, enfin chez le pavot oriental, que j'ai pu, avec une dizaine d'amis, observer un si charmant phénomène.

« L'obscurité la plus complète enveloppait la serre. Nous nous assîmes en face d'une large plate-bande où se trouvaient rassemblées les plantes que je viens de citer, et qu'on avait obtenues par une culture artificielle.

« Après dix minutes d'attente, le pavot oriental commença le premier et lança un éclair de telle dimension, qu'il permit, non seulement de voir la fleur qui le produisait, mais encore de distinguer parfaitement ses voisines.

« Ces éclairs se répétèrent plusieurs fois et se confondirent bientôt avec ceux que les autres plantes ne tardèrent point à lancer à leur tour, quoique avec une densité moindre.

« Ces éclairs se montraient tantôt vifs, tantôt faibles. Pâles, presque blancs, et grands de huit à dix centimètres ; on ne saurait mieux les comparer qu'à la lumière du jour. En élevant la température de la serre, en y amenant un léger courant électrique, on voyait l'illumination fantastique prendre plus de célérité, de vivacité et de force.

« Je ne pense pas que jusqu'ici personne, excepté la fille de Linné et M. Friès, directeur du jardin botanique d'Upsal, ait été témoin, comme je l'ai été, d'un phénomène encore mis en doute par un grand nombre de naturalistes. Je ne pense pas surtout qu'ils l'aient vu se produire, au mois de novembre, presque à volonté et dans un lieu clos.

« Les botanistes n'admettaient jusqu'à présent que des plantes phosphorescentes, et niaient, ou du moins contestaient au règne végétal cette singulière propriété de produire spontanément de véritables étincelles électriques.

« Gesner avoue qu'il n'a rien vu de ce genre dans son écrit très rare, intitulé : *De raris et admirantis herbis, sive quod nocte luceant, sive alias ob causas lunariæ nominantur* (De quelques herbes rares et admirables qui, soit parce qu'elles brillent la nuit, soit pour d'autres causes, sont nommées *lunaires*). Le fait le plus connu est celui que présente le bois pourri ; la phosphorescence que manifeste cette matière a été d'abord attribuée à la présence du *byssus phosphorea ;* mais les observations de Retzius, de Humboldt, et celles toutes récentes de M. Hartig (*Bot. Zeit.*, 1855, n° 2), ont prouvé qu'elle réside dans la substance ligneuse elle-même.

« D'autres parties des végétaux en voie de décomposition peuvent se couvrir également de phosphore. Meyen a vu des champignons plus ou moins pourris devenir lumineux dans l'obscurité ; M. Tulasne a étudié, de son côté, et décrit avec soin la phosphorescence des feuilles mortes du chêne ; M. de Martius a signalé, dans son *Voyage au Brésil*, la vive lueur que lui a offerte le suc laiteux de l'*euphorbia phosphorea*, au moment où l'on exprimait ce suc de la tige ; enfin, une observation analogue a été faite au Brésil, par Mornay, sur une liane.

« La phosphorescence s'offre également sur quelques végétaux vivants et parfaitement intacts. L'exemple le plus connu et le plus fréquemment étudié est celui du *Rhizomorpha subterranea*, champignon qui se développe sur le bois des galeries de mines ; l'extrémité de ses filaments donne une lueur si vive, que, d'après Meyen, de Candolle et Humboldt, elle permet de lire à sa clarté.

« Un autre champignon, très remarquable sous ce rapport, est l'*agaricus crepidosus* du midi de l'Europe. D'autres espèces, des régions tropicales, possèdent la même faculté de devenir lumineuses dans l'obscurité ; tels sont les *agaricus gardneri, igneus* et *noctilucens*.

« Une mousse, le *schitostega osmundacea*, qui croît dans les gróttes et les cavernes, présente au jour, dans certaines circonstances, une belle lueur d'un vert d'émeraude. Bridel a montré que cette lueur provient de la réflexion et de la réfraction de la lumière diurne, par de petits filaments confervoïdes qui se trouvent sous cette mousse.

« Combien de merveilles tout aussi inconnues, tout aussi intéressantes reste-t-il à découvrir, le hasard aidant? Car le génie humain consiste à tirer certaines déductions qui résultent de faits que présente le hasard, faits déjà peut-être mille fois vus par des esprits vulgaires. M. Greiss a publié, dans les *Annales de Joggendorff,* un travail sur la fluorescence de certains extraits végétaux; déjà, il y a trois ans, il avait observé que les extraits aqueux des fleurs, des feuilles, de l'écorce et du bois deviennent fluorescents quand on les expose à l'action des rayons du soleil, concentrés au moyen d'une lentille.

« Il étend aujourd'hui ses expériences aux graines et aux racines.

« Avec les graines écrasées et réduites en extraits de certaines plantes, il obtient un cône de lumière coloré. *L'heracleum spondylium*, ombellifère commune dans nos prairies, les pois, le pavot, la fève, les capucines (*troppœlum majus*), le café, la stramoine (*datura stramonium*), les noix vomiques (*anacardia orientalis*), la fève de cacao, le cumin, le fenouil, le lupin, la moutarde, la ciguë, le seigle ergoté, les baies de genièvre, les nerpruns *rhamnus catharticus*), les pistaches, les grains d'orange, jouissent de cette propriété.

« La plupart des cônes lumineux sont gris ou bleus, ou nuancés des deux couleurs. Les cônes des graines de chenevis, des baies de garou (*daphne mezereum*), du fenouil, des graines de lin, sont blancs avec une teinte bleuâtre ou rougeâtre ; ceux des grains d'orange et de cumin, d'un vert clair. L'extrait alcoolique des graines de l'*heracleum spondylium* donne le cône lumineux le plus intense, avec une très belle coloration bleue.

« On a soumis à la même expérience : les racines de rhubarbe, de curcuma, d'ipécacuanha, d'inule, de saponaire, de chiendent et de *bryona doïea*, coupées en petits fragments et traités par l'eau.

« Les extraits ainsi préparés sont tous fluorescents ; celui de la racine de rhubarbe reluit d'un jaune verdâtre, et le curcuma d'un vert clair.

« M. Greiss pense que toutes les parties des plantes renferment des substances fluorescentes.

« Ces phénomènes étaient connus des Chinois.

« C'est un singulier peuple que le peuple chinois ! Toutes les découvertes de la science et de l'industrie européennes se trouvent indiquées dans leurs livres, et surtout dans leurs légendes populaires. On dirait des mineurs qui exploitent à leur gré des mines de diamants, mais qui ne savent point dépouiller la pierre précieuse de sa gangue.

« Il y a dans l'encyclopédie chinoise intitulée *Fo-Nounen-Tchou-Lin*, livre LII, l'histoire d'une princesse nommée Meï-Chi, qu'aimait éperdument Raçmi, roi du pays de Djamboûli. Meï-Chi ne pouvait consentir à donner sa main à Raçmi, parce que ce prince lui offrait des dons magnifiques, mais vulgaires, et qu'elle ne voulait s'unir qu'à un monarque qui pût créer pour elle des merveilles inconnues.

« Un soir, après le coucher du soleil, Raçmi arriva devant la maison du Meï-Chi. Monté sur un éléphant doux et bien dressé, il se faisait précéder de mille porteurs de lanternes et suivre d'un cortège de bayadères qui dansaient et faisaient retentir l'air de leurs chants.

« De sa fenêtre la jeune fille cria au roi :

« Pensez-vous que je n'aie jamais vu d'éléphant
« richement caparaçonné, ni entendu chanter des
« bayadères ? .

« — Beauté divine! répondit Raçmi, daignez
« monter sur cet éléphant; laissez-vous conduire
« par le chœur des bayadères dans mon palais, et,
« si vous n'y voyez point ce que vos yeux n'ont
« jamais vu, je fais serment de ne plus prononcer
« devant vous le mot d'amour. »

« Meï-Chi haussa les épaules, répliqua que, sans croire un mot de ce qu'il lui disait, elle allait se rendre au palais pour se débarrasser une bonne fois d'un amour qui l'obsédait.

« Elle monta donc sur l'éléphant, et se laissa conduire chez le roi. Raçmi l'introduisit dans une galerie pleine de plantes et surtout de capucines, fleurs favorites des Chinois. A peine Meï-Chi était-elle entrée que les milliers de torches qui éclairaient la galerie s'éteignirent, que toutes les fleurs se mirent à flamboyer, et que deux oiseaux rouges chantèrent les vers suivants :

> Tu ne veux point, ô Meï-Chi,
> Tigre charmant, mais sans pitié,

> Tu ne veux pas que tous les cœurs
> S'enflamment pour ta beauté !
> Comment ne brûleraient-ils point,
> Puisque même les choses inanimées s'allument
> Et brûlent en ta présence
> D'une flamme céleste et surnaturelle ?

« Meï-Chi essuya une larme et laissa tomber sa main dans la main de l'heureux Raçmi ; puis, tout à coup, se ravisant :

« Ce n'est point vous, prince, s'écria-t-elle, qui « avez eu l'idée de me donner cette fête ? elle vous « a été suggérée par un autre.

« — Oui, par l'amour d'abord, puis ensuite par « le boudha », lui répondit-il.

« Meï-Chi soupira.

« Je vous ai donné ma main, gardez-la, dit-elle. « C'est toutefois au boudha que je devrais l'ac- « corder ! »

« A propos des Chinois, laisse-moi te dire comment certains de leurs horticulteurs entendent la manière de cultiver certains arbres. Ils savent réduire aux proportions infimes de grandes plantes et même des arbres forestiers. En France, depuis quelques années, pour satisfaire à l'exiguïté des appartements, on avait eu la malencontreuse idée de s'attacher à produire des plantes grasses lilliputiennes. Le cercle de ces tentatives s'est élargi aujourd'hui, on transforme en nains des végétaux ligneux et même des arbres forestiers. L'Allemagne a donné l'exemple de ce mauvais goût ; voici venir maintenant le tour de la France.

« M. Bœkel est le premier horticulteur allemand

qui se soit livré à ce genre de culture spéciale et excentrique. Il se vante d'avoir *fait* un pied de lierre qui, portant vingt-deux feuilles, aurait pu être couvert tout entier, ainsi que son pot, par une grande feuille de lierre ordinaire; il cite également un chêne (*quercus robur*), haut de trente-trois centimètres dont la tête formait une boule de seize centimètres.

« On s'y prend comme il suit, pour rapetisser à ce point les végétaux.

« On fait fabriquer des pots d'une argile très poreuse qu'on obtient en mélangeant, par portions égales, de l'argile propre à faire les pots rouges et blancs; on y ajoute 4 0/0 de cendres et 1 0/0 de bois. Pour les végétaux ligneux et arborescents, comme le chêne, par exemple, les pots sont hauts, de 6 à 8 centimètres, et larges de 14 à 16. On ne donne aux autres plantes que des pots de 3 à 5 centimètres de hauteur et de largeur; on remplit ces pots tout à fait, jusqu'au bord, de la terre ou des mélanges terreux dont on se sert pour la culture ordinaire; seulement, on y ajoute un tiers de gravier siliceux très menu. On les arrose par-dessous en les posant dans une caisse en fer-blanc, d'où l'on retire ensuite avec un robinet le liquide qui n'a pas été absorbé.

« Quand on veut obtenir à l'état nain des arbres comme des chênes, des ormes, etc., le mieux est de prendre des pieds d'un an seulement.

« Au printemps, on supprime les extrémités de ces malheureux arbres, pour les obliger à donner des pousses latérales ; puis lorsque celles-ci ont atteint une longueur de quatre centimètres environ, on les pince et on répète ces pincements sur toutes celles qui se montrent. Après cela, on met les victimes dans un lieu frais, afin que leurs pousses ne deviennent pas trop grêles. Ces tortures terminées, l'exposition au soleil est celle qui convient le mieux.

« S'il s'agit d'espèces herbacées, on en fait des boutures qu'on traite de la même manière. Enfin on se sert d'engrais liquides toutes les trois ou quatre semaines ; mais il faut se garder d'employer trop fréquemment ce puissant moyen d'excitation, sans quoi on tuerait les arbustes.

« Jusqu'ici les arbustes grimpeurs ont résisté à cette bizarre innovation. »

CHAPITRE XIII

Un autre jour, c'était M. Raparlier ou Norbert qui, de retour de leurs herborisations, montraient à Odile les plantes qu'ils avaient recueillies et lui en racontaient l'histoire.

— Voici la buglose, disait le jeune homme. Regarde-la bien. Elle affectionne les lieux incultes et les décombres.

« Son introduction en France ou du moins à Paris, ne remonte guère au delà du règne de François II, où elle fut apportée par un médecin italien du nom de Santini.

« Le prince de Condé avait fait venir Santini de Florence pour essayer de guérir la maladie de langueur dont le jeune roi s'en allait mourant.

« Santini, qui se prétendait possesseur de toutes sortes de remèdes secrets et qui entourait des plus grands mystères ses préparations pharmaceutiques, administrait chaque matin et chaque soir, à son jeune malade, une infusion d'une plante qui jouissait de remarquables propriétés sudorifiques, et qui sembla produire d'abord d'heureux effets sur la santé du fils de Henri II et de Catherine de Médicis.

« Pour ajouter au prestige de ce mieux problématique, le médecin italien, chaque matin, frottait doucement, avec un peu de coton recouvert d'une poudre inconnue et humide, les joues décolorées du jeune malade, auquel cette poudre semblait rendre de la fraîcheur et de la coloration.

« Marie Stuart, qui ne quittait jamais d'un instant son mari qu'elle adorait, et qui, disent les chroniqueurs du temps, passait maintes et maintes nuits en grand secret à son chevet pour lui donner des soins, s'aperçut de l'artifice du médecin, et elle y recourut elle-même pour dérober à sa sévère belle-mère les témoignages des tendres veilles auxquelles elle se livrait au chevet de François II, malgré la défense de Catherine.

« Peu après l'arrivée de Santini à Paris, la lutte entre le duc de Guise et le prince de Condé éclata violemment, et ce dernier, arrêté aux états d'Orléans, fut condamné à mort.

« Sa femme, Éléonore de Roye, vint se jeter aux pieds du roi pour implorer la grâce de son mari. De Thou raconte que François II repoussa les prières de la pauvre solliciteuse par ces dures paroles : « Je ne ferai jamais grâce à un parent qui a voulu « m'ôter la couronne et la vie. » Après quoi, troublé par cet effort si éloigné de sa nature douce et clémente, et imposé par sa mère, il rentra avec précipitation dans son appartement, se jeta en pleurant au cou de Marie Stuart et défaillit. La *petite reine*, comme on nommait celle-ci, appela à grands cris Santini qui vint pâle et témoignant une grande émotion.

« Il hasarda quelques paroles de miséricorde en faveur du prince. Marie l'interrompit avec sévérité :

« — Votre office est de soulager le roi et non de
« vous mêler des affaires d'État. Faites donc votre
« office », lui dit-elle.

« Santini s'inclina, pansa le roi qui avait un abcès à l'oreille, et une heure après François II mourait à l'âge de dix-sept ans.

« Santini, accusé, à tort ou à raison, de la mort du roi, fut immédiatement traîné au gibet et pendu le soir même. On brûla à ses pieds toutes ses herbes « comme maléficieuses et poisons de mécréant ».

« Cela se passait le 5 décembre 1566. Au printemps suivant, on remarqua au pied du gibet, près de l'endroit où le cadavre de Santini avait été attaché et ses simples brûlés, une plante inconnue dans ces lieux sinistres et même dans les autres parties de la campagne parisienne.

« Haute d'environ 50 à 60 centimètres et hérissée de poils roides, elle produisait des fleurs à grappes serrées et courbées en forme de queue de scorpion et avec des corolles violettes ; elle se caractérisait surtout par des feuilles roides, oblongues, rétrécies en pointes aux deux extrémités, et auxquelles on trouva de la ressemblance avec une langue de bœuf.

« Aussi, faute d'autre nom, finit-on par appeler cette plante *langue de bœuf*, après l'avoir longtemps nommée *herbe du sorcier*.

« Grâce à son apparition mystérieuse, on lui attri
bua d'abord toutes sortes de vertus magiques, et les
plus raisonnables se contentèrent de la regarder
comme un excellent spécifique. Les médecins ne
faisaient aucune prescription sans qu'elle y trouvât
sa place.

« — Tiens, dit M. Raparlier, voici la stachide ou
ortie morte, jadis célèbre et aujourd'hui plus dédaignée encore que la buglose.

« Au quatorzième siècle, le matin du 3 mai,
jour de l'invention de la Sainte-Croix, les teinturiers du *petit teint* se répandaient, musique en tête,
dans la campagne des environs de Paris, et particulièrement dans les marais de Meudon et de
Gentilly, et dans les plaines de Saint-Cloud et de
Ville-d'Avray, où foisonnait l'ortie morte. Le soir,
chacun des expéditionnaires se réunissait en un
lieu donné pour rentrer en cortège dans Paris. Les
joueurs de cornemuse et de viole marchaient les
premiers ; les enfants et les femmes suivaient,
couronnés de fleurs des champs, et après eux
s'avançaient les hommes, pliant sous le faix de leur
récolte nouée en bottes et portée sur les épaules.

« Arrivé dans la rue de la Cossonnerie, chacun
déposait son fardeau dans une vaste grange consacrée à cet usage ; après quoi, un grand banquet
réunissait au milieu de ce même hangar, par table
de trente, tous les compagnons teinturiers avec
leurs familles. Les maîtres de la communauté dis-
tribuaient, aux mieux faisants de la journée, des
méreaux en plomb représentant, d'un côté, saint
Hippolyte à cheval, et de l'autre portant cette

légende : « Aulx taincturieurs do petite taine-
«̃ture. »

« Cette coutume se continua jusqu'à l'abolition
des corporations, quoique déjà depuis longtemps on
eût renoncé à l'emploi tinctorial de l'ortie morte.

« Le lendemain de la cueillette, on préparait la
stachyde de la façon suivante : on détachait sa fleur,
qui exhale une odeur désagréable, et on rassem-
blait en tas, pour les distribuer aux mères de
famille, ses feuilles en forme de cœur, afin qu'elles
les fissent dessécher à loisir, pour en remplir les
oreillers des nouveau-nés. Ces feuilles jouissaient,
dit-on, de la double propriété de rendre la dentition
facile et d'écarter les insectes domestiques.

« Quant au collet de la racine, on le coupait avec
soin, et on le faisait dessécher sur des tapis ou sur
des claies fines et serrées ; on le réduisait ensuite
en poudre et on s'en servait pour combattre les
fièvres et guérir les pâles couleurs des jeunes filles.

« On racontait à ce sujet qu'une jolie teinturière,
à la veille de se marier, avait tout à coup commencé
à dépérir. Son teint frais et blanc se fanait comme
une rose dont un ver pique le bouton naissant. En
proie à des frissons qui revenaient chaque jour à
la même heure, elle ne gardait plus trace ni de
l'activité avec laquelle elle dirigeait le partie de
l'atelier de son père confiée aux femmes, ni de la
gaieté qui naguère la faisait chanter du matin jusqu'au soir.

« Son fiancé, en proie au chagrin, s'adressa à la
fois aux trois patrons des teinturiers, saint Maurice,
saint Bon et saint Hippolyte. Il leur promit à chacun

une couronne d'argent massif s'ils rendaient la santé à celle qu'il aimait éperdument. La nuit qui suivit ce vœu, tous les trois lui apparurent en songe, une plante d'ortie morte à la main. Saint Bon en arracha les feuilles, saint Hippolyte la tige et les fleurs, et saint Maurice, tirant la dague qu'il portait à son côté en qualité d'ancien soldat, détacha le collet de la racine et le présenta à l'amoureux affligé ; puis les trois bienheureux dirent, sur un ton grave de plain-chant : « — *Dans sept jours et sept heures...* » et ils disparurent.

« Le jeune homme se leva précipitamment, alla prendre le plus qu'il put de collet de racine de stachyde dans le hangar où se trouvait amoncelée la récolte, que l'on avait faite précisément la veille, prépara une potion et la fit boire dès l'aube à la belle teinturière.

« A sept jours et sept heures de là, la fièvre qui minait celle-ci disparut miraculeusement, et à sept semaines et sept jours de là, les noces se célébrèrent avec un éclat dont, je vous l'assure, on parla pendant plus d'une année dans la rue de la Cossonnerie.

« Miracle à part, pourquoi la stachyde est-elle repoussée aujourd'hui de la pharmacopée ? pourquoi n'essayerait-on pas son action fébrifuge, quand chaque jour le quinquina devient plus rare, et partant plus cher ?

« Un échec ne serait pas bien grave, un succès serai un bienfait.

« Autre bonne chose à emprunter au passé :

« Aux seizième et dix-septième siècles, un Parisien

ne se fût point trouvé bien couché s'il n'eût au préalable placé sous sa tête un oreiller rempli du duvet de l'*herbe aux gueux.*

« L'*herbe aux gueux,* ou *plaisir du voyageur,* n'est autre que la *clématite des buissons (viticella),* qui grimpe dans toutes les haies, et dont les fleurs bleues produisent aux approches de l'automne un véritable édredon, blanc, léger, élastique, chaud, et qui peut lutter de qualité avec celui qu'on arrache de la poitrine des oies.

« Chaque capsule de la clématite contient de cinquante à cent plumules, que l'on récolte sans peine en coupant, par un temps sec, à leur base, les capsules qui les contiennent et auxquelles elles restent attachées fort avant dans l'hiver.

« La clématite pousse partout où elle trouve à entortiller ses vrilles ; elle n'exige aucune espèce de culture ; seulement lorsqu'elle semble vouloir quitter les buissons au pied desquels elle est née et qu'elle enveloppe de ses rameaux, de ses feuilles et de ses fleurs, il suffit d'élaguer quelques-uns des sarments de sa tige onduleuse ; enfin on la multiplie tant que l'on veut au moyen de marcottes.

« La feuille de la clématite, douée d'une propriété caustique très prononcée, a été longtemps préférée pour la préparation des vésicatoires aux mouches cantharides, dont elle n'a pas, assure-t-on, les nombreux inconvénients. Elle doit son nom d'*herbe des pauvres* à l'emploi qu'en faisaient autrefois les mendiants pour simuler des plaies.

« Si l'*herbe aux gueux,* dont je vous entretenais l'autre jour, se récoltait publiquement et au milieu de fêtes, il n'en était pas de même d'une plante charmante qui commence, au mois qu'il est, à montrer, par les chemins et le long des champs, ses corolles mélangées de pourpre, d'azur et d'or. Les botanistes l'appellent *echium ;* elle porte depuis des siècles le nom populaire de *vipérine.*

« Une superstition qui remonte aux temps antiques, puisque Pline le Jeune en parle dans ses livres, attribue à cette plante des vertus étranges qu'elle est bien loin de posséder.

« A l'aide de ses longs poils jetés sur des charbons ardents, à minuit et avec certains rites, on évoquait les esprits infernaux et l'on obtenait d'eux des pouvoirs sinistres. Sa racine, prétendait-on encore, guérissait les morsures des vipères, et ses feuilles étroites, infusées dans un hanap de cervoise, donnait la faculté de voir les esprits invisibles.

« Un chroniqueur du temps dit à ce sujet :

« Chaque année, les magistrats faisaient annoncer
« à son de trompe que, sous peine du fouet et de la
« prison, il était interdit aux récolteurs de vipérine,
« herboristes ou bourgeois, de conserver la moindre
« parcelle des tiges, feuilles, fleurs, fruits et bois de
« ladite plante ; on exigeait que ces tiges, feuilles,
« fleurs, fruits et bois fussent brûlés en plein champ
« et en plein jour, entre quatre et cinq heures du
« soir, avec défense expresse de vaquer à cette opé-
« ration, soit à midi, soit à minuit. Des inspecteurs
« assermentés surveillaient la stricte exécution de
« ces règlements de police, et l'on raconte l'histoire
« d'une jeune fille, battue de verges et promenée

« par la ville, sur un âne, pour être rentrée dans la
« ville de Paris en tenant à la main un bouquet au
« milieu duquel se trouvait une branche de vipérine.

« Quant à la racine, il s'en faisait une grande con-
« sommation, et les herboristes et apothicaires la
« débitaient râpée en poudre grossière que l'on
« mettait dans ses bottes et dans ses chaussures,
« lorsqu'on avait à traverser soit la forêt de Saint-
« Germain, soit la forêt de Bondy, où foisonnaient
« alors les vipères, les crapauds et autres bêtes ve-
« nimeuses ou réputées telles. »

« A l'époque où Catherine de Médicis arriva en
France, amenant à sa suite une colonie d'astrologues,
de parfumeurs et de jeunes et jolies cameristes, l'un
de ces parfumeurs, qui portait le nom de Judicelli,
ne tarda point à devenir célèbre par un rouge naturel et végétal qu'il vendait au poids de l'or. Ce
rouge, habilement mis en œuvre, rendait aux joues
pâles et fatiguées une fraîcheur et un éclat de teint
qui, le proclamait-on, laissaient bien loin derrière
eux les fards minéraux employés jusqu'alors.

« Par malheur Judicelli, qui gagnait des sommes
considérables, s'éprit d'un violent amour pour une
jeune dame d'atours de la reine, Maria Gaspardi.
Maintes et maintes fois, il mit aux pieds de sa jolie
compatriote sa fortune et sa main, comme on disait
à cette époque.

« Maria, quoique d'un caractère sombre et triste,
et jusque-là étrangère à la coquetterie, n'accepta ni
l'un ni l'autre, mais elle ne les refusa point non plus
nettement. Elle se joua avec autant de cruauté que

de perfidie de l'amour de Judicelli, le fit un objet
d'amusement et de ridicule pour toute la cour, et
rendit presque fou celui dont tout le crime consistait,
en apparence, à l'aimer et à la vouloir faire riche.

« La reine elle-même prit part à ce jeu cruel ; non
seulement elle permit qu'on lût devant elle les lettres
de Judicelli, mais encore, assure-t-on, elle s'associa
aux réponses dérisoires de Maria, qui assignaient
au vieillard amoureux des rendez-vous menteurs,
ce qui lui causait des désespoirs à en mourir.

« Un jour qu'on riait à la cour des peines du
pauvre diable, la reine prétendit que Judicelli, malgré
l'ardeur insensée de sa passion, mettait encore l'argent au-dessus de cette passion, et que jamais, par
exemple, Maria n'obtiendrait du parfumeur la recette
du fameux rouge végétal auquel il devait sa fortune.

« Maria répondit qu'avant trois jours ce secret ne
serait plus un mystère, non seulement pour la cour,
mais encore pour la ville.

« Le lendemain matin, de bonne heure, maître Judicelli vit en effet entrer chez lui une femme voilée,
et il pensa tomber à la renverse quand il reconnut
dans cette femme Maria Gaspardi elle-même.

« Celle-ci, feignant de son côté un grand trouble,
tendit au parfumeur qui, cette fois tout de bon, manqua de mourir de joie, une main tremblante ; puis
avec bien de l'embarras, et de l'émotion, lui dit qu'il
fallait s'en prendre à la reine seule si jusqu'à présent le pauvre homme avait fait le pied de grue aux
rendez-vous assignés par Maria.

« — Aujourd'hui, ajouta-t-elle, je suis prête à
« braver Catherine de Médicis elle-même, et je

10.

« viens déjeuner en votre logis, devant tous vos
« gens, de façon que personne ne puisse plus
« douter de l'affection que j'ai pour vous. »

« Judicelli, fou de joie, donna vivement des
ordres pour traiter dignement celle qui lui apportait
un bonheur si peu prévu, et Maria Gaspardi s'assit
en face de lui à sa table.

« Il ne fallait pas beaucoup de vin pour griser le
parfumeur, déjà ivre d'amour, et, comme Maria lui
exprimait quelques doutes sur la grandeur et l'ab-
négation de la tendresse qu'il éprouvait pour elle, il
jura qu'il était prêt à tout afin de lui en donner des
preuves.

« — Ne faites point de pareils serments, dit-elle ;
« je tiens pour certain que vous me refuseriez du
« premier coup la moindre preuve que j'en requer-
« rais devous. »

« Et comme il se révoltait à ces paroles :

« — Vous m'aimez plus que votre vie, continua-t-
« elle. Eh bien ! je jurerais que vous ne me diriez
« même point le secret de la composition de votre
« rouge. »

« A ces mots, Judicelli devint pâle comme un cadavre.

« — Mais c'est toute ma fortune, toute ma renom-
« mée ! balbutia-t-il.

« — Que vous disais-je ? s'écria Maria en se le-
« vant. Folle que je suis ! Moi, je vous sacrifie non
« seulement ma fortune et ma renommée, mais en-
« core l'amitié et la protection d'une reine ; et voici
« qu'une plaisanterie qui, par hasard, m'est passée
« dans la tête, une fantaisie sans rime ni raison suffit

« pour faire reculer votre soi-disant amour ! Que
« m'importe ou que ne m'importe pas ce secret ?
« Adieu ! je n'aime ni l'ingratitude ni la défiance. »

« Judicelli, éperdu, se jeta aux pieds de la dame
d'atours, la supplia de l'écouter, et l'entraîna
presque de force dans son laboratoire.

« — Tenez, regardez, dit-il, voyez ces petits
« fruits, ces graines qui par leurs renflements et
« leurs rides ressemblent à la tête d'un reptile, ce
« sont celles de la vipérine. Je les distille, et j'en
« extrais un jus qni me donne la couleur rose avec
« laquelle je fabrique mon rouge. »

« Ce fut au tour de Maria Gaspardi à pâlir.

« — Ah ! s'écria-t-elle, Dieu est juste et vengeur !
« N'est-ce pas d'une paysanne romaine, de Margarita
« Pepoli, que vous tenez ce secret ? Margarita, sé-
« duite, n'a-t-elle point été abandonnée avec son
« enfant par vous ? Je m'explique maintenant la haine
« que vous m'inspirez : ce sont les larmes de ma
« sœur, morte de douleur et de misère avec son
« enfant, en maudissant son séducteur, qui me
« l'inspiraient ! Eh bien à toi la honte et la pauvreté.
« Je te hais ! et dans une heure tout Paris saura ton
« double secret. »

« Et elle s'enfuit.

« A quelque temps de là, Judicelli, ruiné, se jetait
du haut du pont Neuf dans la Seine.

« Un mois après, Maria prenait le voile dans le
couvent des carmélites de la rue Chapon.

« A dater de ce jour-là, jusqu'en 1790, les carmélites firent un grand commerce de *rouge vipérin.*

« Vous le voyez, tout devait être singulier dans

l'histoire de ce rouge, puisqu'elle commence par un drame et qu'elle finit par le singulier spectacle de religieuses fabriquant et vendant du fard.

« Et ce soi-disant mouron qui recouvre la cage de la volière, reprit Norbert, le connais-tu autrement que par la manière joyeuse dont les oiseaux le becquettent ? Il se nomme *stellaria media, stellaire alsine*, et *morgeline*.

« Avant le règne de Charles VI, personne ne s'inquiétait de cette herbe autrement que pour la qualifier de mauvaise et pour l'arracher quand elle poussait dans un champ ; chacun la foulait aux pieds sans y prendre garde s'il la rencontrait sur son chemin.

« Or, à l'époque où la plus terrible des maladies, l'aliénation mentale, vint frapper le pauvre roi, et qu'on eut recouru inutilement pour le guérir à toutes les ressources de la médecine et même de la magie, quelqu'un s'avisa de faire observer qu'on n'avait pas consulté le neveu de l'archiâtre du défunt roi Charles V, Guibert du Celsoy, ou de Salceto, doyen de la Faculté de médecine de Paris.

« Sans doute le neveu était l'héritier des secrets de son oncle, comme il était l'héritier de sa fortune et de sa maison de la rue Saint-Jacques, adossée à l'église Saint-Séverin sous l'enseigne de la Croix de fer.

« On alla donc le quérir chez lui, et bon gré mal gré on le mit en présence du royal malade. Antoine Guibert du Celsoy, malgré la solitude profonde dans laquelle il vivait, passait, à tort ou à raison, pour un médecin de grande valeur comme son oncle, et on a lieu de s'étonner que l'on ne l'eût point mandé plus tôt. Son épitaphe, qu'on lisait encore il y a quelques années dans la petite église de Saint-Maur, au village de Langres, affirme en effet que

> Maistre fu es arts excellent
> Et en médicine ensenient,
> De la pratieue souverain
> Pareil n'avoit en corps humain.

« Il ne fallait point songer à déclarer incurable la maladie de Charles VI, car on avait pendu, peu de temps auparavant, deux cordeliers appelés, comme Guibert, en consultation, et qui avaient déclaré la science humaine impuissante contre un mal surnaturel, selon eux. Cette déclaration faite, on les obligea à exorciser le roi, et, le roi se trouvant plus mal après les exorcismes, on envoya au gibet les pauvres moines, sous prétexte qu'au lieu de chasser les mauvais esprits, ils en avaient évoqué de plus redoutables encore.

« Donc Antoine Guibert, après avoir mûrement étudié pendant plus d'une semaine les symptômes de la démence du roi, déclara que toute maladie mettant à s'en aller autant de temps qu'elle en avait mis à venir, et le roi étant malade depuis dix ans, il fallait également dix ans pour obtenir sa guérison.

« Après cette sage précaution, il se mit à l'œuvre et prescrivit à Charles VI, entre autres remèdes, des infusions d'une plante fraîche dont il faisait grand mystère.

« A la grande surprise de ceux qui soignaient le

roi, et surtout de demoiselle Odette de Champdivers, on ne tarda point à remarquer que le visage du roi se débarrassait des feux qui l'empourpraient, et que son humeur devenait plus facile. Antoine Guibert, nommé, pour ce premier succès, chapelain de la chapelle de Saint-Jean-Baptiste, dans l'église de Paris, chapellenie qu'avait également obtenue son oncle, ordonna que chaque jour le malade prît, pendant deux heures, un bain préparé avec les mêmes herbes, non seulement *cuites en eau bouillante*, mais encore jetées fraîches et vives dans la baignoire.

« Soit par suite de ce traitement, soit par hasard, le roi entra dans une des crises de calme et de quasi-intelligence qui caractérisaient sa maladie.

« Je n'ai pas besoin de vous dire qu'on cria au miracle et que chacun voulut connaître quelle était l'herbe efficace dont Antoine Guibert faisait un si grand mystère. En agissant ainsi, il imitait ses confrères, qui tous cachaient avec un soin extrême la nature des remèdes qu'ils avaient découverts.

« On épia si bien Guibert, qu'on finit par découvrir que l'*herbe du roi* — on l'appelait déjà ainsi, — était la morgeline.

« Alors chacun, d'abord à la cour, puis à la ville, se mit au régime d'une plante si bienfaisante, et à laquelle on ne tarda point à attribuer toutes sortes de vertus. La reine Ysabeau elle-même voulut prendre chaque jour des bains semblables à ceux du roi, espérant ainsi donner plus de blancheur à sa peau et plus de relief à sa funeste beauté.

« Ce fut avec les dons de la reine et les munificences des courtisans que Guibert fit élever dans son village natal de Celsoy une église qui subsiste encore en partie, et dans laquelle il consacre à la mémoire de son oncle un magnifique monument, sur lequel on lit l'inscription suivante :

> Médecin fut des rois de France,
> Jehan et deux Charles sans doublance.

« Après avoir bu des décoctions de morgeline et pris des bains parfumés des essences de cette plante, on recourut à elle comme à un vulnéraire *résolutif et astringent*, et on en compensa par la distillation une eau tenue infaillible contre les maux d'yeux ; bref, on la fit entrer dans la préparation de tous les cosmétiques, et on finit même par la manger en salade et par en composer des potages de santé appelés *soupes au roi*.

« Vers la sixième année du traitement de Charles VI, Antoine Guibert, prétextant sa mauvaise santé, se donna des aides et des suppléants, ralentit ses visites à la cour, n'y reparut plus que rarement, et mourut vers 1409, laissant une réputation rivale de celle de son oncle, avec lequel, par parenthèse, on le confond souvent.

« Les médicaments et les simples ont, comme les livres dont parle Horace, leur destin, c'est-à-dire qu'après les avoir prônés outre mesure, on les laisse tomber peu à peu dans un oubli profond,

> Sans avoir mérité
> Ni cet excès d'honneur, ni cette indignité.

« La morgeline n'échappa pas au sort commun :

non seulement, on cessa d'y recourir pour combattre la folie, mais encore les parfumeurs renoncèrent peu à peu à la distiller et à en préparer des cosmétiques, et les ménagères à la servir sur leur table en salades et en *soupes au roi*.

« Le hasard rendit cependant, un siècle après, à la morgeline une partie de sa vogue, et voici en quelles circonstances.

« Henri III aimait beaucoup les oiseaux, et surtout les serins, qu'on appelait alors *canaris*, des îles d'où on les supposait originaires. Il en possédait de belles espèces dont il s'appliquait encore à perfectionner la race par des croisements savamment combinés. Il fallait, selon les idées de cette époque, pour qu'un serin atteignît la perfection, qu'il fût svelte de taille, assez haut sur pattes, d'un jaune mat, le bec fort et doué d'une voix éclatante. Les idées se sont quelque peu modifiées depuis lors, et aujourd'hui on attache un grand prix à des qualités différentes.

« Henri III s'enquérait de tous côtés des moyens les meilleurs d'élever les serins. Un de ses courtisans lui apprit que, en Hollande, où se faisait un grand commerce de ces oiseaux, on plaçait dans leur cage des plantes de mouron qu'ils trouvaient grand plaisir à becqueter et qui les préservaient des maladies épidémiques, trop souvent fatales aux canaris.

« Le roi n'eut point de cesse qu'on n'eût rempli ses cages de mouron. A sa grande surprise, les oiseaux moururent en masse, victimes d'une maladie que l'on baptisa du nom *d'astriction* et qui consistait en une sorte de colique sèche.

« On accusa, non sans raison, le mouron d'être l'auteur de ces sinistres, et on le bannit des volières du Louvre.

« Or, un matin que le roi venait de faire ses dévotions à l'église de Saint-Séverin, il passa par la rue Saint-Jacques ; il entendit, dans une maison de cette rue touchant à l'hôtel de Mortemer et à celle du *Dieu-d'Amour*, des serins qui chantaient d'une façon merveilleuse.

« Il leva la tête, vit au-dessus de la porte une croix de fer en guise d'emblème ou d'enseigne, entra sans façon, et alla droit à une magnifique volière pleine de serins et garnie de toutes parts de mouron.

« — Vous ne savez donc pas que cette herbe
« maudite a empoisonné tous les oiseaux du roi ?
« demanda-t-il à un jeune homme qui s'avançait
« pour recevoir le visiteur inattendu.

« — Si fait, monsieur, répondit le jeune homme,
« mais c'est parce que les gens chargés d'approvi-
« sionner de mouron les cages du roi ont confondu
« avec cette plante une autre plante qui lui res-
« semble beaucoup. On la nomme *anagallide*, et on
« lui attribue, à tort ou à raison, la propriété d'attirer
« hors des blessures les fers de flèches. Quoi qu'il en
« soit, l'anagallide est un poison pour les oiseaux,
« tandis que le vrai mouron, la morgeline, les ra-
« fraîchit et les préserve de malemort. La morgeline
« porte des fleurs blanches, et l'anagallide des fleurs
« tantôt d'un rouge de brique tantôt variant du blanc
« au bleu.

« — Et où avez-vous appris toutes ces savantes
« choses ?

« — Dans les manuscrits que m'ont légués mes
« grands-oncles, archiâtres et médecins des rois
« Jean, Charles V et Charles VI, Guibert et Antoine
« du Celsoy.

« — Eh bien ! tu seras archiâtre de mes oiseaux,
« répliqua le roi en riant. »

« Charles du Celsoy ne dédaigna pas d'accepter
cette position officielle à la cour. Depuis lors, la
morgeline conserve le privilège de servir de nourriture aux nombreux serins qu'on élève à Paris, où
riches et pauvres, — pauvres surtout, — aiment
passionnément les oiseaux et les fleurs ; sans doute
par la grande difficulté qu'on éprouve à y élever
des oiseaux et à y cultiver des fleurs.

« — Quoi qu'il en soit on néglige trop les !plantes
des champs et leurs propriétés dit M. Raparlier,
après un moment de silence.

« Telle était du reste l'opinion d'un de mes vieux
amis, connu de tous les botanistes, par de bons
travaux sur la flore agreste, et qui vient de mourir
dans les Vosges, à l'âge de soixante-quatorze ans.

« Il n'y a rien de mieux que ce qui a été éprouvé »
a dit Bossuet. Tel était aussi l'avis du vieux médecin, qui exerçait depuis cinquante ans sa profession dans les montagnes et qui jouissait d'une po-
pularité à faire envie à nos princes de la science.

« A cheval du matin au soir, il ne quittait son petit
bidet, vieux et vert comme lui, que pour descendre
chez ses malades, leur prescrire des remèdes bien
simples et la plupart empruntés aux plantes du pays.
Il pansait les blessures avec l'*aigremoine* des haies,
qui jouit d'une grande propriété astringente et vul-

néraire ; il guérissait les mauvaises toux avec la *goutte de saug d'Adonis* ou le *pas-d'âne ;* il traitait les maladies de peau avec la *fumeterre*, qu'il prescrivait encore pour les maux d'estomac ; il faisait vomir avec l'*herbe aux femmes battues*, enfin, il purgeait avec le *pied-de-veau*.

« L'antiscorbutique *cresson*, l'*herbe de sainte Barbe*, qui raffermit les gencives, la *corne-de-cerf*, qui arrête les hémorragies, le *populage*, qui cautérise les plaies, le *pigamon*, connu sous le nom de *rhubarbe des pauvres*, l'*aristoloche*, tonique efficace, l'*herbe de saint Roch*, à laquelle ne résistent point les dysenteries et qui foisonne partout, voilà, avec des centaines d'autres simples, sa pharmacopée ! Il les recueillait chemin faisant, en remplissait un grand sac de cuir qui pendait à côté de sa selle, et les distribuait à ses clients. Ceux-ci goûtaient fort cette manière de se traiter, voire de se guérir, sans bourse délier. On sait le proverbe : « Le meil-« leur ami d'un Vosgien c'est son argent. »

« Aussi mon vieux médecin avait-il reçu et portait-il avec fierté le surnom du *docteur Bon-Conseil*.

« Il le méritait d'autant plus qu'en dehors de la santé qu'il rendait souvent, par des moyens simples, au premier rang desquels il plaçait l'hygiène, la propreté et la sobriété, il possédait encore des milliers de bonnes recettes qu'il donnait à ses clients, tantôt pour leur culture, tantôt pour leur ménage.

« Grâce à lui, pas une des Vosgiennes de son domaine médical ne se laisse prendre à la ruse dont se servent trop souvent les étameurs ambulants pour tromper et fournir de mauvaise marchandise. Ces étameurs, qui, depuis longtemps, ont l'habitude de se transporter de pays en pays pour exécuter chez les particuliers l'étamage des vases en cuivre, emploient, au lieu d'étain, le zinc, qui coûte moins cher. Cette fraude a de grands inconvénients; d'abord l'étamage au zinc dure moins longtemps que l'étamage naturel; ensuite, le zinc s'altère facilement et forcément par le contact des acides; enfin, une couche de ce métal ne protège pas suffisamment les ustensiles contre les dangers trop connus du vert-de-gris.

« Le docteur a enseigné à chacun qu'il existe un moyen facile de distinguer le zinc de l'étain pur; il suffit, quand on fait étamer un vase quelconque, d'y jeter un peu de vinaigre qu'on fait chauffer jusqu'à ébullition. La surface en étain reste intacte; la surface en zinc, au contraire, commence aussitôt à se décomposer sur divers points.

« Venait-on le consulter sur un panaris, sur une foulure, sur des coupures sans trop de gravité, il répondait : « Ne me payez point une visite pour si « peu de chose; faites sur la partie malade une « bonne application d'argile. »

« En effet, les inflammations de la peau et celles qui atteignent les veines superficielles, les gonflements des extrémités des membres, les entorses, certaines plaies se traitent par ce moyen presque toujours avec succès.

« Les applications d'argile mêlée à de l'eau se font en couches épaisses et à consistance de bouillie. Protégées par un linge, on doit assez souvent les renouveler. Leur utilité paraît provenir de la grande affinité de l'argile pour l'eau. En effet, l'argile appliquée sur les surfaces en suppuration absorbe rapidement toute humidité, sèche les globules sanguins, réduit le volume des vaisseaux capillaires et forme une espèce de croûte protectrice. L'argile doit cette propriété au peu d'élévation de sa température.

« Le docteur Bon-Conseil possédait dans son jardin une magnifique plantation de pommiers de la meilleure espèce. Ils ne provenaient ni de semailles ni de greffes. Voici en quoi consistait son procédé : il prenait une bouture choisie, à l'extrémité de laquelle il fixait une pomme de terre ; et il plantait ensuite cette bouture, en ayant soin de laisser sortir à la surface du sol trois centimètres du *scion*.

« La pomme de terre nourrissait le bois en attendant qu'il produisit des racines. La bouture se levait par degrés et devenait un bel arbre qui donnait les meilleurs fruits, sans que l'on fût obligé de le greffer.

« Vers la fin de sa carrière, notre vieux médecin commençait à obtenir de ses clients, trop souvent ruinés par des incendies, qu'ils déposassent dans leurs granges, au fond d'espèces de tranchées, réparties d'espace en espace, des écuelles contenant des matières qui pussent produire, en s'enflammant, une grande quantité de gaz impropres à la combustion et de nature à éteindre d'eux-mêmes l'incendie, ou du moins à l'empêcher de se propager.

« Le docteur ayant remarqué que les chevaux, en

marchant sur les parties de route nouvellement empierrées, levaient douloureusement les pieds, comprit que les angles de ces cailloux cassés leur blessaient la *fourchette;* il conduisit son bidet chez le maréchal et le fit déferrer pour placer entre les fers et le sabot des plaques de tôle qui recouvraient l'intérieur du paturon et préservaient la paume du pied du contact des cailloux. Dès lors son cheval marcha aussi franchement sur le macadam neuf que sur le vieux.

« Il y a bien des gens qui l'imitent aujourd'hui et qui s'en applaudissent.

« Quant au bois de construction, les amis du docteur savent, grâce à lui, s'assurer de sa qualité. Il suffit, en effet, qu'on applique l'oreille au centre de l'un des bouts d'une pièce de bois, tandis qu'une autre personne frappe à l'extrémité opposée. Quand le bois est sain et de bonne qualité, le coup s'entend très distinctement, quelle que soit la longueur de la pièce. Lorsqu'il y a désagrégation intérieure des fibres du bois, le son reste en grande partie éteint.

« Les Vosgiens aiment à constater la valeur réelle des pièces d'or et d'argent qu'ils reçoivent, tant ils ont peur qu'on les paye en fausse monnaie.

« Le docteur Bon-Conseil donnait des pierres de touche à qui en voulait. Il frottait différentes pièces de monnaie de cuivre, d'or, d'argent, sur un des cailloux noirâtres qu'on rencontre à chaque pas sur les routes (les meilleurs présentent l'aspect gras et doux de la pierre du Levant) et il attaquait les traces par l'acide nitrique ou par l'eau régale. Si la pierre se creusait comme le marbre et le moellon, il la rejetait : au contraire, restait-elle intacte, il la proclamait bonne.

« En effet, la pierre de touche, qui coûte si cher, est une simple pierre noire, dure, grenue, qui conserve les traces d'un frottement métallique et demeure inattaquable aux acides. D'où il suit que tout corps offrant les mêmes propriétés peut remplacer cette pierre soi-disant précieuse. Le verre dépoli, recuit et coloré, indique parfaitement la nature des métaux.

« Quand il s'agissait de curer un puits, qui dirigeait encore les ouvriers ? le docteur ! toujours le docteur !

« L'abaissement du niveau de l'eau dans les couches aquifères qui alimentent nos puits oblige à les curer fréquemment, et l'on entend souvent parler d'accidents survenus aux puisatiers par l'air vicié accumulé au fond de ces puits.

« Ces accidents ont pour cause à peu près unique la présence au fond du puits de l'acide carbonique.

« Gaz essentiellement impropre à la combustion et à la respiration, inodore, insipide, l'acide carbonique ne se décèle que par les malheurs qu'il cause. Sa présence, au sein de la terre, résulte surtout de la décomposition partielle des puissantes couches de craie ou de pierre qui forment les trois quarts de notre sous-sol, et qui se composent d'acide carbonique et de chaux.

« L'acide carbonique, plus pesant que l'air, s'accumule facilement au fond des puits, où sa présence peut déterminer chez ceux qui l'y respirent, et selon qu'il est pur ou mélangé d'air respirable, depuis un simple mal de tête jusqu'à l'asphyxie complète.

« Le docteur Bon-Conseil a enseigné qu'avant de laisser pénétrer les ouvriers dans le puits en curage, il faut, au préalable, y faire descendre une lampe ou une chandelle allumée ; s'éteint-elle, il y a danger de mort : là où la flamme s'éteint, l'homme périt. Brûle-t-elle avec une flamme vacillante et douteuse, le danger, quoique moins grand, existe toujours ; enfin, il faut que la lumière brûle franchement, sinon avec éclat, pour qu'on ne coure aucun danger.

« On emploie plusieurs moyens dispendieux dans le but d'expulser l'acide carbonique des puits. Ce sont des ventilateurs à large tuyau plongeant jusqu'au fond, ou de fortes fusées qu'on y jette en assez grand nombre après les avoir allumées ; ou encore une cheminée en tôle qu'on y descend progressivement en y entretenant un foyer de charbon de bois.

« Dans les Vosges, grâce au docteur, on n'y fait point tant de façons : on forme une botte de paille à peu près sphérique et d'un diamètre égal aux deux tiers du diamètre du puits ; à cette botte on attache solidement une forte ficelle et on laisse tomber le tout ; la rapidité de la chute forme une espèce de ventilateur qui mélange entre elles, avec l'air atmosphérique, les différentes couches d'air et de gaz. La botte est ensuite facilement remontée au moyen de la corde. Quand on a pratiqué un certain nombre de fois la même manœuvre, on descend une lumière dans le puits et l'on s'assure qu'il est devenu praticable.

« Le bon docteur est mort, comme un soldat, sur le champ de bataille. Il commençait à vieillir, et n'aimait plus guère à sortir la nuit. On vint le chercher, il y a quelques jours, pour un petit garçon gravement malade ; l'excellent homme ne sut point résister aux prières de la mère, qui le suppliait de ne point l'abandonner.

« Il monta à cheval, par une pluie battante, fit deux lieues pour aller et deux lieues pour revenir, et se mit au lit en rentrant ; une grosse fièvre l'avait pris en chemin.

« Il fit appeler, dès le lendemain, le curé et le notaire, mit en ordre sa conscience, constitua sa légataire universelle une vieille domestique à son service depuis trente ans, et rendit le dernier soupir en répétant ces paroles de Siméon : *Nunc dimittis servum tuum.*

« La servante ne put survivre au chagrin d'avoir perdu son maître. Elle mourut huit jours après le docteur.

« Comme on ne lui connaît pas de parents, c'est le fisc qui, sans doute, héritera de la maisonnette et de la bibliothèque du bonhomme.

« On a déjà vendu à la criée son vieux cheval.

« Un fermier l'a acheté soixante francs, quoiqu'il n'en vaille pas vingt.

« — Il m'en aurait coûté le double, a-t-il dit en
« ramenant la bête chez lui, que je l'aurais acheté
« tout de même. Il mourra de sa belle mort dans
« mon écurie, et mes enfants seuls le monteront.
« Notre brave ami m'en saura gré là-haut ! »

CHAPITRE XIV

LES SOUFFRANCES DU LILAS

En sa qualité de Flamande, de vieux serviteur et de maîtresse réelle du logis, Tréa veillait avec un soin scrupuleux à ce que la célébration des anniversaires de naissances et des fêtes patronymiques se célébrassent au logis en grande pompe. Ces jours-là, elle allait elle-même acheter, à la halle, les provisions les plus exquises, mettait sur les dents la cuisinière, vieux cordon bleu qu'elle avait fait venir de Malines, ville célèbre entre toutes parmi les artistes dans l'art *de la gueule*, comme disait Rabelais, qu'elle produisait et dont elle peuplait tous les offices des Flandres. C'étaient des entremets délicats, du gibier de choix, des primeurs, des plats de dessert, et surtout des tartes aux condiments les plus raffinés qu'il s'agissait de préparer, de confectionner, de mener victorieusement à bonne fin. L'œil à tout, et mettant au besoin la main à la cuiller, à la pâte, elle allait, venait, s'évertuait, louait et grondait surtout. Quant à la table, personne n'y touchait qu'elle seule. Elle la couvrait d'une de ces admirables nappes ouvrées, vieilles d'un siècle, faites à la main, et représentant des fleurs, des fruits, des oiseaux, des guirlandes, voire des bergers et des bergères, les uns la houlette à la main et les autres le pipeau aux lèvres. Les serviettes étaient aussi riches de semblables ornements qui miroitaient à la lumière et étaient, chaque fois qu'elles servaient, blanchies, repassées et cylindrées par les mains adroites et patientes de la digne femme. Puis des cristaux à facettes et de forme antique, puis une vieille argenterie plus lourde qu'élégante, mais dont les chiffres différents attestaient qu'elle provenait de divers héritages de famille et qu'à chacune de ses pièces se rattachait un pieux souvenir.

Tréa entourait tous ces apprêts d'un mystère qui ne trompait personne, mais dont chacun feignait d'être dupe.

Elle ne dressait le couvert qu'après le déjeuner ; elle interdisait l'entrée de la salle à manger sous toutes sortes de prétextes, et quand les bougies des candélabres allumées par elle étincelaient de toutes parts, elle venait annoncer d'une voix qu'elle affectait de rendre indifférente, mais en réalité profondément émue, que « le dîner était sur la table », locution qu'elle avait adoptée, et qu'elle n'avait jamais consenti à remplacer par la phrase sacramentelle : « Monsieur est servi. »

Or, le 15 janvier était le jour anniversaire de la naissance d'Odile, et les choses se passèrent de la manière que je viens de dire. On entra dans la salle à manger, en feignant une grande surprise, et la jeune fille trouva sur son assiette un magnifique bouquet de lilas blanc. Chacun des convives mangea comme quatre, on but à la santé de l'héroïne de la fête, et Tréa qui se tenait derrière elle pour la servir de ses mains, l'embrassa longuement, les yeux pleins de larmes; puis Odile, elle-même très émue, éleva son verre, et dit de sa voix argentine :

— A mon père! à ma bonne mère! venez tous les deux que je vous embrasse une fois, deux fois, trois fois, mille fois.

Et elle les tenait étreints de ses bras, et elle les couvrait de baisers et les barbouillait de ses heureuses larmes.

L'appétit succéda peu à peu à l'attendrissement. A peine resta-t-il quelques débris d'une crème, chef-d'œuvre exquis pour lequel on ne sut pas trouver assez de louanges, puis on se mit à causer, et, naturellement, la botanique devint le sujet de la conversation, entre toutes ces personnes éprises de l'attrayante science.

« Tu ne te doutes pas, dit Norbert en riant à sa sœur, que ce beau bouquet dont tu es si heureuse et qui commence déjà à se flétrir à la chaleur, est le résultat d'un martyre subi par l'arbuste qui l'a produit; laisse-moi te raconter une conversation que j'ai eue précisément hier soir dans le salon de notre digne ami le secrétaire perpétuel de l'Académie des sciences. J'y fus accosté par un de nos plus charmants écrivains, dont l'âge et les *neiges d'antan* n'ont altéré ni la verve étincelante ni le piquant esprit de paradoxe.

« Au moment où il posa sa main sur mon épaule, je regardais avec admiration une grande corbeille de bronze doré, remplie jusqu'aux bords de bouquets de lilas blanc.

« Dites-moi, me demanda-t-il en souriant et me
« prenant par la boutonnière, ce qui est son geste
« favori ; dites-moi, puisqu'il existe une société pro-
« tectrice des animaux, pourquoi ne créerait-on pas
« une société protectrice des végétaux ?

« On m'alléguera, je le sais bien, que, depuis
« quelques années, on a fait beaucoup à Paris pour
« l'amélioration du sort des arbres. On en a planté
« partout ; on en a même enveloppé quelques-uns
« de véritables robes de chambre ; on a donné à
« d'autres des colliers en fer-blanc, entonnoirs utiles
« sans doute, mais qui rendent parfaitement ridi-
« cules ceux qui les portent.

« Voilà pour les arbres ; mais pour les fleurs ?

« Hélas ! Paris est l'enfer des fleurs ! On les coupe
« de leur tige pour en remplir des vases où elles se
« fanent en peu d'instants ; on les loue, pour orner,
« durant les nuits de bal, des salons où l'ardeur des
« lumières et le manque d'air les asphyxient et les
« tuent ; on les dispose sur des escaliers où le froid
« les gèle ; enfin, c'est là le pire, on les soumet à
« d'horribles tortures, soit pour en obtenir des phé-
« nomènes de précocité, soit même pour altérer leur
« nature et leurs couleurs !

« De ce nombre sont surtout les lilas.

« Les lilas ! Savez-vous ce que coûte de souffrances
« à de pauvres arbustes un bouquet de lilas blanc,
« comme ceux dont il se vend, chaque jour, des
« milliers pendant l'hiver ?

« Écoutez et frémissez !

« Pour obtenir du lilas blanc *forcé*, on a reconnu
« qu'il fallait, lorsque la fleur se développe, la sous-
« traire à l'influence de la lumière. Mais comme,
« d'autre part, en soustrayant les fleurs à la lumière,
« on s'expose à déterminer l'étiolement des feuilles
« et à rendre flasques les rameaux qui les suppor-
« tent, voici les moyens cruels qu'on met en œuvre
« afin d'avoir, en plein cœur d'hiver, du lilas blanc
« avec des feuilles vertes et des tiges solides.

« On plante les lilas dans la pleine terre d'une
« serre ; on les enfonce au-dessous du sol ; on leur
« cache entièrement les rayons du soleil ; enfin,
·« pendant le nombre de jours nécessaires pour déter-
« miner l'ouverture des bourgeons et la sortie des
« inflorescences, on les soumet à la fois à une lu-
« mière diffuse et à une température calculée.

« Toute faible qu'elle soit, cette lumière diffuse
« permet le développement des feuilles, et, par une
« conséquence naturelle, donne aux pousses une
« fermeté convenable.

« Les feuilles que portent les rameaux se montrent
« donc, à la fin de la première période de la culture
« forcée, colorées d'un vert tendre analogue à la
« teinte qui caractérise la feuillée, née au printemps
« dans les conditions normales.

« Lorsque la végétation des lilas a fait assez de
« progrès pour que les boutons de fleurs ne puissent
« tarder à s'ouvrir, le traitement qu'on applique aux
« arbustes subit une modification importante.

« A la température élevée, on joint une obscurité
« presque continuelle.

« Dans ce but, on applique sur les vitres de la

« serre des panneaux de bois goudronnés dont on
« soulève seulement un petit nombre, d'espace en
« espace, pendant quelques heures de la journée.

« Les lilas restent donc plongés dans une obscurité
« à peine interrompue, à de certains moments, par
« une lumière diffuse très affaiblie.

« Cette seconde période de supplice, qui dure, en
« moyenne, deux jours, empêche le principe colo-
« rant des corolles de se développer, tandis que les
« feuilles qui s'étaient formées et qui avaient verdi
« auparavant ne se modifient pas sensiblement.

« Au contraire, les feuilles qui naissent pendant
« ces deux jours restent plus ou moins jaunâtres
« et visiblement étiolées. Leurs nombre toutefois
« est petit, et on les coupe.

« Le lilas obtenu par tant de précautions et de
« labeurs se distingue par sa blancheur, par la fer-
« meté de ses rameaux florifères, par son ampleur
« et par la belle verdure de la plupart des feuilles
« qui l'accompagnent. Dès qu'on l'a détaché du pied
« qui l'a produit, il ne se colore plus sous l'influence
« de la lumière. On peut en conserver des bouquets
« pendant une semaine, près d'une fenêtre sans
« que la moindre teinte s'y manifeste.

« Un renversement singulier s'opère dans les
« périodes de la végétation des lilas pendant leur
« culture forcée.

« On sait qu'habituellement, sous les influences
« réunies de la lumière et de la chaleur, les plantes
« croissent le jour, tandis que la nuit amène pour
« elles un temps d'arrêt dans leur développement.

« Le contraire a précisément lieu quand on les

« soumet à la culture artificielle que nous venons
« de décrire.

« Pendant la nuit et pendant une partie de la
« matinée, les panneaux de bois goudronnés restent
« appliqués sur les vitres des serres, dans lesquelles
« on entretient une température d'environ 35 degrés
« centigrades. Pendant le jour, au contraire, on
« laisse descendre la température à 18 ou 24 degrés
« centigrades.

« Eh bien, c'est pendant que la serre, fortement
« chauffée, reste plongée dans l'obscurité, que la
« développement des pousses s'opère avec une ra-
« pidité remarquable.

« Est-ce assez de tortures? Attendez, vous n'êtes
« pas au bout.

« Quand les pieds de lilas ont fourni leur moisson
« parfumée de fleurs, on les arrache pour qu'ils
« fassent place à une nouvelle plantation ; on les
« laisse sécher et on les brûle.

« J'emprunte textuellement cette phrase barbare
« à un rapport de M. Duchartre à la *Société d'hor-*
« *ticulture.*

« Pour se faire pardonner des paroles si cruelles,
« que le savant botaniste s'amende bien vite et fonde
« une société protectrice des végétaux! Qu'il s'en
« proclame le président! Que cette chronique soit
« pour lui la voix qui criait à saint Paul sur le che-
« min de Damas : « Pourquoi me persécutes-tu? »

« Il me reste encore à signaler un autre coupable.
« L'auteur de tant de tortures ingénieuses appli-
« quées aux fleurs se nomme M. Laurent. Ses ma-
« gnifiques serres, j'allais dire ses chambres de

« tortures, s'élèvent rue de Lourcine. Je demande
« qu'au printemps, en expiation de ses ingénieux,
« lucratifs et féroces procédés, il fasse amende ho-
« norable à deux genoux devant une touffe odorante
« de lilas étalant en plein air et en plein champ ses
« luxuriantes grappes de fleurs. Je demande que
« cette cérémonie expiatoire ait lieu en présence de
« l'Académie d'horticulture, qui, dans deux rapports,
« a fait l'éloge de M. Laurent, et que chacun des
« membres tienne à la main, en guise de cierge,
« un arrosoir dont il ait à verser l'eau pure sur un
« arbuste libre, vrai et heureux.

« Je demande enfin que toutes les belles Héro-
« diades qui placent sur leur sein, en guise de bou-
« quets, les têtes de ces pauvres lilas, décapités
« après tant de souffrances, prennent part à la so-
« lennité... Et comme il faut toujours avoir en mi-
« séricorde les pécheurs, Dieu veuille pour elles
« qu'il n'y ait rien de vrai dans la métempsycose !

« Socrate, voyant un jour un jeune garçon briser
« les branches d'un arbrisseau pour en butiner les
« fleurs, lui cria : « Dépouille-le, mais ne le tue pas !
« Disciple de Pythagore, qui sait si tu ne seras pas
« un jour toi-même un arbrisseau ? »

« Ce jeune homme, soit dit en passant, était Alci-
« biade qui, dans sa vie, brisa bien d'autres choses,
« hélas ! que les branches d'un buisson ! »

« En achevant ces mots, sans me laisser le temps
de lui répondre, mon ami s'éloigna brusquement,
pour aller, sans doute, recommencer près de quelque
autre invité son amusant paradoxe. »

11.

CHAPITRE XV

UNE POIRE

— Mon ami, demanda Odile à M. Raparlier, quand
on eut cessé de parler des lilas, ne mangerez-vous
pas une de ces belles poires rapportées de la halle
par ma petite mère Tréa.

— Bien volontiers mon enfant, et je crois qu'elle
est exquise. En effet, ajouta-t-il en la dégustant,
je doute qu'elle soit inférieure à la fameuse poire
de Cambacérès.

— Quelle était donc cette fameuse poire?

— Elle était exposée en 1775, au mois d'août, a
l'étalage de Chevet. Dans la boutique du Palais-
Royal, trois des gourmets de l'époque se la disputaient : le notaire Noël, M. d'Aigrefeuille et le
marquis de Villevielle, au milieu de la foule rassem-
blée autour d'eux par leur singulier débat. D'Aigrefeuille, parasite célèbre de Cambacérès, et qui
mit un crêpe à sa fourchette le jour où il perdit
son protecteur, avait découvert le magnifique fruit
au moment où on le déballait. Il en offrait un écu
de six livres quand le marquis de Villevielle, rival

de d'Aigrefeuille, entra dans le magasin et doubla l'enchère. Le notaire Noël survint, jeta deux louis d'or sur le comptoir et se disposait à emporter la poire, malgré les protestations de ses deux compétiteurs, lorsqu'un jeune homme fendit tout à coup la foule :

« Messieurs, dit-il, vous n'estimez pas à sa
« valeur véritable une pareille primeur. Jamais,
« depuis dix ans, on n'a vu une poire de cette gros-
« seur, sans compter sa parfaite maturité et l'ex-
« quise saveur de son essence, qu'attestent les
« parfums qui s'en exhalent ! Ce n'est point deux
« louis, mais cinq, qu'elle vaut.' »

« En achevant ces paroles, il jeta à son tour sur le comptoir cinq pièces d'or.

« J'en donne le double ! s'écria le notaire.

« — Alors quinze louis ! » riposta le jeune homme.

« Et sans laisser à M. Noël, stupéfait, le temps de répliquer, il s'empara du fruit, tira de sa poche un petit couteau d'argent, coupa la poire en quatre, et, avec une grâce exquise en offrit, sur une assiette de dessert, un quartier à chacun de ses concurrents.

« D'Aigrefeuille, l'eau à la bouche, saisit avidement le morceau succulent qu'on lui présentait ; M. de la Villevielle fit un profond salut et imita d'Aigrefeuille ; M. Noël hésita un instant.

« Un si parfait connaisseur ne me fera pas le
« chagrin de me refuser l'honneur de partager cette
« poire avec moi, » fit le jeune homme, qui mit en œuvre une charmante insistance.

« Le notaire sourit, s'inclina et savoura le troisième

quartier de poire. Son amphitryon ne se montra pas un amateur moins passionné et moins digne appréciateur de la dernière portion du fruit.

« La poire mangée, d'Aigrefeuille sortit en saluant assez cavalièrement son amphitryon, M. de la Villevielle fit une révérence profonde, et M. Noël dit :

« Monsieur, vous mettrez le comble à vos gra-
« cieusetés en daignant m'apprendre le nom de la
« personne à qui je dois l'exquise sensation que je
« viens d'éprouver. De pareilles bonnes fortunes
« ne peuvent s'oublier ; on aime à associer le nom
« du bienfaiteur au souvenir du bienfait.

« — Je me nomme Grimod de la Reinière, ré-
« pondit le jeune homme.

« — C'est un nom qui restera gravé dans ma
« mémoire. »

« Et ils se séparèrent, non pas en se donnant la main, car cette coutume anglaise n'existait pas encore à Paris, mais en se saluant jusqu'à terre.

« Si bonne, si rare que soit une poire, je ne pense point qu'aujourd'hui elle reçoive de pareils honneurs et qu'on la paye un si grand prix. Cependant des savants distingués font un cas extrême de ce fruit, témoin le chapitre qu'un botaniste anglais a consacré à une *poire de bergamotte*, dans un livre remarquable intitulé : *The Forist and Garden Miscellany*. Il fait d'abord observer que les nombreuses et excellentes variétés de poiriers cultivées aujourd'hui ont une origine moderne, et il rapporte à ce propos le passage dans lequel Pline, exprimant son opinion sur celles qu'on cultivait de son temps, dit que toutes les poires ne sont bonnes que cuites. Il ajoute que, vers le milieu du dix-septième siècle seulement, les délicieuses qualités de ce fruit ont commencé à se développer. Depuis cette époque, leurs progrès sont immenses, bien qu'on soit autorisé à penser qu'il en reste encore beaucoup à obtenir.

« La bergamotte de Huyshe, dit-il (*Huyshe's*
« *Bergamot*), est d'origine récente. Elle a été obte-
« nue par M. John Huyshe, de pépins de la *Marie-*
« *Louise*, fécondée avec la *Bergamotte de Gansël*.
« Trois pieds provinrent de ce semis; l'un d'eux
« donna du fruit pour la première fois en 1856 ; il
« en produisit encore en 1857, et ce fut alors que,
« le mérite de la nouvelle poire paraissant bien
« constaté, on lui donna le nom sous lequel elle
« est connue aujourd'hui. »

« Voici ce que, d'autre part, contient le *Gar-*
dener's Chronicle :

« Cette poire est digne de ses auteurs, et on ne
« peut rien dire de mieux pour la vanter. C'est un
« magnifique fruit dont un beau brun cannelle clair,
« un peu plus foncé d'un côté que de l'autre, colore
« la peau fine. A l'état de maturité parfaite, sa chair
« ressemble à celle du *beurré Brown* ou de la *Ber-*
« *gamotte de Gansel*. Comme bonté et fondant, elle
« ne le cède en rien à ces deux variétés. En 1856, où
« les poires ne se conservaient pas, elle était mûre
« à la fin de novembre. Dans les années ordinaires on
« peut compter qu'elle sera bonne à manger à Noël.

« On assure que le nouveau poirier est très pro-
« ductif, et l'on dit qu'il convient surtout pour
« pyramides. »

« Veut-on connaître l'origine des poires les plus célèbres et les plus recherchées ?

« Merlet apprend qu'on doit la *poire de Saint-Germain* à un sauvageon trouvé, en 1667, sur le bord de la petite rivière de la Fare, près de Saint-Germain-de-Lude (Sarthe). La Quintynie a fait connaître le premier la *poire de Colmar*. Le *bon chrétien*, résultat des greffes d'un maître d'école du Berkshire, date de 1778 ; la *chaumontel* a été découverte en 1768 à Luzarches ; Mollet, jardinier de Louis XIII, greffa le premier le *beurré ;* le pied-mère de la *poire du curé* existait encore en 1823 à Châtillon-sur-Indre ; la *fondante des bois* est de Destingue, en Flandre, et provient de semis. J'en passe et des meilleures !

« Qu'il vous suffise de savoir que chaque espèce de poire a son généalogiste et son historien ; sans compter que M. Decaisne, membre de l'Académie des sciences et professeur au Muséum de Paris, ne dédaigne pas de publier une monographie des poires.

« La greffe et le semis ont enfanté toutes ces variétés, qui diffèrent tant d'aspect et de goût ; enfin on est parvenu à produire des poires d'une dimension monstrueuse.

« On savait déjà que la sulfate de fer (vitriol vert), appliqué sous forme de dissolution dans l'eau, stimule beaucoup les fonctions absorbantes des feuilles, qui attirent alors une plus grande quantité de sève des racines. M. Du Breuil, horticulteur distingué, a eu la pensée de mouiller la surface des jeunes fruits avec une dissolution de sulfate de fer, et

ces fruits ont pris alors un accroissement extraor-
dinaire.

« La dissolution minérale active les fonctions absorbantes des fruits, qui attirent à eux une plus
grande quantité de sève au détriment des feuilles
et deviennent plus gros. Il serait sans doute difficile de donner ces soins à tous les fruits, mais on
pourra les réserver du moins pour les plus précieux.

« Les poires ne servent point seulement à délecter
les gourmets et à fournir de magnifiques desserts,
elles peuvent encore, au besoin, faire des mariages.

« Il y a quelques dizaines d'années, un jeune compositeur de beaucoup d'avenir était fort amoureux
d'une jeune personne charmante, fille unique d'un
célèbre gastronome. Ce dernier jouissait d'une
jolie fortune ; l'amoureux ne possédait que son ta-
lent ; d'ailleurs il avait pour père un obscur culti-
vateur. L'ami et le disciple de Brillat-Savarin le
jugea donc un gendre peu convenable et lui enjoi-
gnit de chercher femme ailleurs.

« Ni les larmes de la jeune fille, ni les instances
du compositeur, ne purent parvenir, je ne dirai
point à changer, mais même à ébranler cette fatale
résolution.

« Au désespoir, l'artiste se retira à la campagne,
chez son père ; le brave homme, voyant le chagrin
du pauvre garçon, lui dit : « Rassure-toi ! avant un
« mois, j'obtiendrai le consentement qui doit faire
« ton bonheur. »

« Dès le lendemain, le gastronome reçut d'un inconnu, qui l'avait déposée chez son concierge, une
petite caisse contenant une oire exquise, d'une

essence inconnue, et soigneusement emballée, de manière à ne souffrir en aucune façon des chocs du voyage.

« Il la mangea à son dessert et déclara que jamais il n'avait rien goûté de si fondant et de si savoureux.

« A deux jours de là, nouvel envoi de poire. Il en fut ainsi pendant une semaine.

« Puis tout à coup il n'arriva plus rien que cette lettre :

« On prend, sur l'honneur, l'engagement de vous
« donner encore deux cents poires semblables à cel-
« les que vous avez reçues, si vous consentez au
« mariage de votre fille avec le compositeur P. »

« Le gourmet s'indigna d'abord d'une pareille proposition... Mais son dessert lui parut bien insignifiant ce jour-là. Il remarqua, en outre, que sa fille pâlissait, qu'elle essuyait à chaque instant des larmes furtives, et qu'après tout rien ne faisait mieux digérer que de la bonne musique entendue au sortir de table.

« A quelque temps de là, le compositeur reçut la permission de recommencer ses visites chez le gastronome ; trois mois après, il épousait celle qu'il aimait.

« Au repas de noces, le père du marié voulut placer sur la table une corbeille dorée remplie des fameuses poires, mais le père de la mariée s'y opposa.

« De simples beurrés feront bien l'affaire de nos
« convives, qui ne s'y connaissent guère, lui dit-il,
« tandis qu'à moi, qui sais les comprendre, ces poires·

« là fourniront encore cinquante bons desserts. »

« Il emporta donc les poires et les enferma immédiatement dans un fruitier fermé à triple tour et dont lui seul gardait la clef.

« L'auteur de cette chronique a eu l'honneur insigne de déguster, en 1860, une de ces fameuses poires. La chose n'eût point été possible il y a quelques années, car le vieux gastronome vivait encore en 1855.

« Or, il avait fait inscrire au contrat, comme clause expresse du mariage de sa fille, que lui seul aurait le monopole des *poires de la mariée*. C'est ainsi qu'on les avait nommées.

« Elles proviennent de la greffe de la *Royale d'hiver*, originaire de Constantinople, que l'ambassadeur de France envoya comme une merveille à Louis XIII, et qu'on a mitigée et améliorée successivement par d'autres greffes empruntées au fameux *Spina Corpi* des *Italiens*, et au *Messire-Jean*, que déjà Ollivier de Serres citait avec éloge dans son *Théâtre d'agriculture et mesnage des champs*, imprimé en 1600.

« Peut-être est-il bon de parler ici, en passant, d'un mémoire de M. Fremy, sur le phénomène de la maturation des fruits.

« Pendant la *première période*, qui est celle du *développement*, le fruit, qui présente en général une couleur verte, agit sur l'air atmosphérique à la manière des feuilles ; il décompose l'acide carbonique sous l'influence solaire et dégage de l'oxygène.

« Dans la *seconde période*, qui est celle de la *maturation*, la couleur verte du fruit se remplace par une coloration jaune, brune ou rouge : le fruit agit alors sur l'air en transformant rapidement l'oxygène en acide carbonique : il se produit dans les cellules du péricarpe une série de combustions lentes qui font disparaître successivement les principes immédiats solubles qui s'y trouvent : le tannin se détruit le premier, puis viennent les acides ; c'est ce moment que l'on choisit en général pour manger les fruits ; si l'on attend plus longtemps, le sucre lui-même disparaît, et le fruit devient fade. La lumière n'est problablement pas sans influence sur ces phénomènes de combustion lente.

« La *troisième période* est celle de la *décomposition ;* elle a pour effet final de détruire complètement le péricarpe et de mettre la graine en liberté. A ce moment l'air entre dans les cellules ; en agissant d'abord sur le sucre, il détermine une fermentation alcoolique caractérisée par un dégagement d'acide carbonique et par la formation d'alcool qui, en agissant sur les acides du fruit, donne naissance à de véritables éthers qui produisent les aromes des fruits. L'air atmosphérique porte ensuite son action destructive sur la cellule même ; il colore en jaune les membranes azotées qui s'y trouvent. Ce phénomène, qui n'est autre que le *blessissement,* ne décompose pas seulement les cellules, mais il oxyde et fait disparaître certains principes immédiats qui ont résisté à la maturation. Tout le monde sait qu'une nèfle qui était d'abord très acide et astringente, perd son acide et son tannin, et n'est réellement comestible que lorsqu'elle est blette.

« La période de décomposition du péricarpe commence donc par la fermentation; elle passe par le blessissemeut et arrive à la destruction des cellules : **on** voit que, pendant toutes ces transformations, le dégagement d'acide carbonique produit par **un fruit** peut être dû soit à un phénomène d'oxydation, soit à une véritable fermentation. »

CHAPITRE XVI

UN DÉPART — LA DORYANTHE

A quelques années de là, on était arrivé au mois de mai, et ce mois ramenait l'anniversaire de la naissance de M. Bogaerts. Tréa, de complicité avec Odile, s'occupaient depuis huit jours et dans le plus grand mystère, des préparatifs de cette fète et se réjouissaient à l'avance de la surprise et de la joie de l'homme qu'elles adoraient toutes les deux. Tandis que la vieille Flamande travaillait à la création et à la confection des friandises qui devaient constituer un dessert luxueux, car l'excellent homme ne se cachait pas d'être quelque peu friand, Odile terminait une grande aquarelle, d'après une plante précieuse, une doryanthe (feuille de lance), récemment donnée à son père adoptif, et qui faisait l'orgueil de sa serre. La singularité de l'histoire de cette doryanthe ajoutait encore à son prix.

Rapportée, il y a soixante ans, de la nouvelle Hollande par le naturaliste Edwar Brown, elle fut payée treize francs par le Muséum de Paris, avec un lot d'autres plantes de la même contrée.

Placée dans un coin des serres , car son aspect n'avait rien de bien original, elle ne tarda point à y être à peu près oubliée.

Vingt ans après, M. Houllet, directeur des serres, la tira de son coin et lui donna une bonne place, à l'entrée des serres tempérées.

La doryanthe ne tarda point à justifier ces bons procédés. Grâce au jour, à l'air tiède, à la lumière, elle prit en toute liberté le développement de la maturité. Ses feuilles, en forme de grand sabre et non en forme de lance, en dépit du nom de doryanthe si peut justement imposé en grec à la plante, ne tardèrent point à atteindre une longueur de deux mètres et à former une belle masse de végétation d'un vert sombre et d'un aspect majestueux et original. Enfin le 5 juin 1864, elle commença à montrer un phénomène d'une extrême rareté et que nous envient toutes les collections de plantes vivantes de l'Europe : les premiers rudiments d'une hampe florale.

Le 3 juillet, cette hampe s'élevait à un mètre vingt centimètres, et mesurait à peu près quatre à cinq centimètres de diamètre. Au mois de janvier suivant, elle touchait presque à la voûte vitrée de la serre, dépassait quatre mètres, et se terminait par un gros bouton qui promettait une fleur.

A un mois de là, cette fleur s'ouvrit lentement et majestueusement; et enfin elle se trouva épanouie dans toute sa splendeur.

Large d'un diamètre de soixante centimètres, elle formait un vaste bouquet d'un pourpre sombre; chacune des fleurs qui le composaient était dis-

posée en *capitule terminal muni de bractées colorées, avec périanthe en entonnoir à six divisions;*
ce jargon est pour les botanistes pur sang. J'ajouterai, en langage vulgaire, que la doryanthe est très
voisine de l'agave, cette plante américaine connue
de tout le monde, grâce à une fable devenue une
croyance populaire qui prétend qu'elle ne fleurit que
tous les siècles, et qu'en s'épanouissant elle produit une explosion semblable à un coup de canon.

Il me reste maintenant à vous dire la destinée de la belle pensionnaire des serres du Muséum.

Comme elle est monogame, ses fleurs se fécon-
dent d'elles-mêmes, et ses fruits se forment et mû-
rissent. Alors peu à peu une langueur générale s'empare du magnifique végétal.

Sa hampe se dessèche, et ses feuilles, devenues
d'un jaune maladif, se couvrent de taches noires,
premiers symptômes d'une décomposition déjà
à l'œuvre ; enfin, triste cadavre, peu à peu elle se
transforme en un amas de fibres pourries ou desséchées.

Hélas ! c'est là le sort inévitable des plantes robustes qui mettent tant d'années à se développer.
Du jour où elles se parent de la couronne de fleurs
de la maternité, la mort étend sur elles sa main
inexorable; à leur longue adolescence, succède une
rapide caducité. Il faut qu'elles meurent et que
leurs débris fassent place à une génération nouvelle.

La veille du jour même de cet anniversaire,
M. Bogaerts reçut une lettre et un petit coffret.

Voici ce que disait la lettre :

« Mon cher et vieil ami, vous allez m'en vouloir mortellement, mais vous me pardonnerez quand vous saurez les motifs qui me font prendre une détermination brusque et nécessaire.

« Quand vous recevrez cette lettre. Norbert et moi nous serons en route pour l'Égypte.

« Notre enfant a besoin de changer d'air et de donner à son imagination, un peu trop active, je le crains, un aliment sérieux, et de substituer à la vie sédentaire une vie d'action.

« Vous alléguerez que j'aurais dû vous soumettre mon projet et vous demander votre agrément. Si je l'eusse fait, le départ aurait été impossible. Votre cœur se serait déchiré à la pensée de vous séparer de Norbert, et les larmes d'Odille et les colères de dame Tréa m'eussent fait échec. Au revoir donc et à bientôt.

« Votre vieil ami.

« RAPARLIER. »

« Je vous laisse, pour vous consoler un peu, des études botaniques de notre enfant. Vous y verrez de quelle façon Norbert sait accommoder à ses jeunes idées notre vieille science. »

CHAPITRE XVII

M. Raparlier ne s'était point trompé sur l'effet que devait produire la lettre. Odile pleura à chaudes larmes, M. Bogaerts se mit à marcher à grands pas, le sourcil froncé et le mécontentement peint sur le visage. Dame Tréa exprima en termes violents sa colère.

— Vraiment, ce monsieur Raparlier poussait l'originalité au delà de toute permission ! C'était bien singulier qu'il se permît de jeter ainsi toute une famille dans la désolation ! Il n'y avait que lui au monde, pour en user ainsi, et à la veille de l'anniversaire de la naissance de Monsieur !

Et rouge de colère, elle rentra dans sa cuisine où elle y brisa les plats préparés pour la réception du lendemain, et les jeta sous ses pieds.

Pendant quinze jours, la douleur plana sur l'intérieur de M. Bogaerts : enfin, une lettre datée de la capitale de l'Égypte vint apaiser cette douleur.

Elle ne contenait que quelques mots de M. Raparlier, mais elle était pleine d'expressions tendres de

Norbert. Il y parlait en termes émus de son départ
clandestin, et avec affection de son père adoptif
et d'Odile. Il s'était bien gardé d'oublier la bonne
Tréa, à laquelle il prodiguait les plus irrésistibles
câlineries.

La douleur, grâce à une troisième lettre acheva
de se changer en une résignation triste, et, un matin, M. Bogaerts ouvrit en soupirant le portefeuille
contenant les notes écrites par Norbert. Il les lut,
il les relut et trouva une vraie consolation à cette
lecture.

Voici quel était le manuscrit du jeune homme.

CHAPITRE XVIII

LES MANUSCRITS DE NORBERT

§ 1er

LE BOUQUET DE FLEURS

Grâce à Dieu, les coucous ont disparu presque
tout à fait des routes voisines de Paris. Viennent
quelques années encore, et il ne restera plus de
traces de ces odieuses voitures. Sous prétexte de
transporter les voyageurs, les horribles machines
livraient les infortunés aux plus cruels cahots, les
tenaient en outre exposés à la poussière et au soleil quand la chaleur sévissait avec violence, à la
pluie dès les moindres gouttes qui venaient à tomber, et enfin au froid l'hiver. Solution étrange du
mouvement sans résultat, il leur fallait deux heures
pour parcourir une lieue ! Je ne parle ni du cocher
hargneux, ni de l'haridelle poussive, ni des ban-
quettes, maigres planches dépouillées de bourre,
ni des étroites entraves dans lesquelles on était
réduit à tenir les pieds. En perfectionnant un peu

le coucou, un bourreau du moyen âge en eût fait
un fort redoutable instrument de torture.

C'est pourtant dans une pareille boîte de douleurs
qu'un matin, et par la pluie, fut obligée de prendre place une personne dont la voiture venait de se
briser. Cette personne accepta son malheur avec
une sorte de résignation joyeuse et enfantine, et
parut beaucoup s'amuser de l'idée de terminer en
coucou la route qu'il lui restait à faire. Tandis que
ses domestiques s'occupaient activement de rele-
ver la calèche abattue et d'emporter chez le maréchal du village l'essieu brisé, le voyageur grimpa
sur l'échelle périlleuse qui menait à l'intérieur du
coucou, et prit place au fond, non sans sourire et
sans s'émerveiller de la figure grotesque du cocher, dont les mâchoires avancées, le nez aplati,
le front bas, les grosses épaules et les bras déme-
surés semblaient plus dignes d'un orang-outang que
d'un homme. L'automédon ne paraissait point pressé
de partir, et son unique, son inattendu voyageur
n'était point mécontent de ces retards, car il lui
manquait des compagnons de route pour compléter
son plaisir et ne le laisser manquer d'aucune des
amusantes conséquences de sa situation. Après vingt
minutes d'attente, que le voyageur passa à feuilleter
un livre et le cocher à regarder au loin, hissé sur
son siège, sans rien voir autre chose, comme la
sœur Anne du conte de *Barbe-Bleue*, que l'herbe
qui verdoie et la poussière qui poudroie, il fallut
bien pourtant donner un coup de fouet au cheval.
Le cheval gémit, les roues crièrent, et le voyageur
s'élança précipitamment de la dernière banquette

sur la première ; car tels étaient les soubresauts du coucou, qu'au début des secousses on n'y pouvait résister. De la première banquette il retourna sur la seconde ; mais nulle part on ne trouvait une situation tolérable. Le regret de n'être pas resté au village pour attendre sa calèche commençait à s'emparer du pauvre supplicié, quand le cheval s'arrêta. Une jeune fille, laissant à peine au cocher le temps d'ouvrir la lourde portière, escalada le marchepied et s'assit sur la banquette du fond, à côté de celui qui déjà en occupait une place. Il regarda la compagne que le hasard lui envoyait, et un demi-sourire épanouit ses lèvres et éclaira son visage, empreint à la fois de gravité et de douceur. Jamais il n'avait vu plus charmante jeune fille. Rose, blanche, mignonne, ses grands yeux bleus exprimaient tout ensemble la vivacité et la candeur. Quoique des nuages épais assombrissent le ciel, les cheveux de l'adorable enfant semblaient dorés par un rayon de soleil. Elle déposa à ses pieds un panier plein de fleurs, rajusta les rubans bigarrés de son joli petit bonnet de tulle, et parcourut d'un coup d'œil tour à tour la voiture, le cocher et l'inconnu qui se trouvait à ses côtés :

« Grâce à Dieu, je suis arrivée à temps ! » dit-elle avec joie.

Puis, sans s'apercevoir des rudes cahots de la voiture, à l'aise comme sur le plus moelleux fauteuil, elle se mit à regarder, par les vitres, la plaine, les arbres, la route et les petits oiseaux qui venaient gaiement saupoudrer leurs ailes dans la poussière à peine humide des ornières. Bientôt pourtant la pluie fouetta si violemment ces vitres, qu'il ne fut plus possible à la jolie curieuse de rien voir. Sans témoigner d'humeur, elle prit son panier sur ses genoux, sortit les fleurs qu'il contenait, et voulut les arranger en bouquets; mais elle se hâtait si fort, que le bouquet ne prenait guère tournure avenante, et que le voisin de la ravissante maladroite ne put réprimer un léger sourire. Elle leva la tête vers lui par un gracieux mouvement d'oiseau, et dit en rougissant un peu, mais sans dépit :

« Je fais mal, n'est-ce pas, monsieur? »

Il répondit par un signe amical d'affirmation.

Elle essaya de mieux faire, mais sans y réussir. Deux ou trois fois les fleurs, combinées de façons diverses, formèrent un assemblage lourd et saugrenu : elle finit par désespérer de réussir jamais.

Le voyageur suivait des yeux ses efforts.

« Vous devriez bien, monsieur, dit-elle, cette fois avec un léger dépit, et surtout avec cette charmante autorité que donnent la jeunesse, la beauté et l'innocence, vous devriez bien être assez bon pour m'enseigner comment je dois m'y prendre. »

Il sourit à cette proposition, qui parut l'amuser beaucoup, et répliqua :

« Volontiers, mademoiselle. »

Elle posa sur ses genoux toutes les fleurs et le regarda faire. Quand elle eut compris le procédé qu'il employait devant elle, la jeune fille l'imita si bien, qu'au moment où le coucou arriva à la barrière, deux jolis bouquets se trouvaient achevés. Cependant, il faut en faire l'aveu, l'élève avait surpassé le maître : ce dernier le confessa généreusement.

La petite prit les deux bouquets, les plaça dans le panier, et un silence profond remplaça l'intimité qu'avait amenée la leçon du professeur de bouquets entre son écolière et lui.

Cependant le coucou approchait du terme de sa course. La jeune fille paraissait préoccupée d'une idée qu'elle semblait ne point oser émettre. A la fin, cependant, ses joues se couvrirent d'une adorable rougeur, et elle dit :

« Si monsieur voulait accepter un de mes bouquets, il me ferait bien plaisir.

— Merci, mon enfant; vos fleurs sont bien belles, mais je ne dois point en priver les personnes à qui vous les destinez. »

L'argument parut irrésistible à la jeune fille, car elle n'insista pas; seulement elle détacha du bouquet le plus bel œillet qu'elle put trouver, et le présenta à son voisin.

Cette fois il prit la fleur et la plaça près du ruban rouge qui se nouait à sa boutonnière.

La jeune fille parut toute joyeuse du cas qu'il faisait de son cadeau. En ce moment la voiture s'arrêta : on était arrivé.

La petite voyageuse sortit la tête par la portière et la rentra bien vite.

« Il pleut à verse! » s'écria-t-elle. Et elle porta un regard d'inquiétude sur sa jolie robe de toile peinte, sur son tablier noir et sur les brodequins neufs qui dessinaient élégamment son tout petit pied.

« Mademoiselle, dit avec bonté l'étranger, vous avez partagé votre bouquet avec moi, permettez-moi de vous offrir une place dans le fiacre que je vais charger le cocher d'aller me chercher. »

Le riche pourboire qu'il remit, en achevant ces paroles, au vieux bourru, donna presque de la belle humeur et de l'obligeance à ce dernier. Il courut de son plus vite, ramena un fiacre, ouvrit la portière, et tint suspendu en guise de parapluie, sur la tête de la jeune fille, un pan de sa large redingote.

« Où dois-je vous conduire ? demanda celui qui s'amusait beaucoup de l'innocent laisser-aller avec lequel la grisette acceptait sa protection.

— Rue du Pas-de-la-Mule, nº 3. »

En quelques minutes le fiacre était arrivé devant la maison indiquée.

L'inconnu employa, pour préserver la coiffure de la jeune fille, le procédé que le cocher de coucou avait mis en usage naguère. Quand il l'eut amenée ainsi saine et sauve à l'entrée du corridor qui servait de vestibule, il reçut les remerciements de la petite voyageuse, qui finit par lui offrir de se reposer quelques instants chez elle.

Cette proposition sembla l'amuser beaucoup; il l'accepta avec une empressement plein d'enfantillage et de gaieté.

« Puisque j'ai enseigné l'art de faire des bouquets à cette enfant, je puis bien lui rendre une visite, » se dit-il; et, devancé par la grisette, il monta gaiement quatre étages. Elle frappa : la porte s'ouvrit; une vieille femme, suivie de deux petites filles, accourut aussitôt.

« Marie ! Marie ! s'écrièrent-elles en se jetant dans ses bras. Petite mère, bonjour ! »

Elle les embrassa, elle les caressa, elle les cajola, tendit ses joues à la vieille femme, et se souvint seulement alors du compagnon qu'elle avait amené.

« Pardonnez-moi, monsieur, lui dit-elle naïvement, mais je vous avais oublié.

— Et je ne m'en plains pas, mademoiselle ; vos jolies petites sœurs, madame votre mère, sont des excuses plus que suffisantes.

— Ce ne sont pas mes sœurs, ce sont mes enfants, monsieur !

— Vos enfants !

— Ses enfants d'adoption, interrompit la vieille femme. Figurez-vous, monsieur, que ma fille, une pauvre veuve, ruinée par la mort de mon mari, honnête et laborieux ouvrier, succomba au chagrin, dans la mansarde qui se trouve au-dessus de ce petit appartement, et me laissa seule et sans ressources avec ces deux orphelins. Il nous fallait donc recourir à l'hôpital, car à mon âge, et infirme comme je le suis, je ne pouvais rien ni pour moi ni pour ces pauvres créatures. On parla de mon désespoir dans la maison, et le soir j'entendis frapper à ma porte : c'était Marie, monsieur.

— « Mère Marguerite, me dit-elle, moi aussi j'ai
« perdu ma mère il y a trois mois. Je suis seule
« au monde, sans famille ! Vous et ces deux enfants
« vous serez désormais la mienne. »

« Et depuis ce temps-là, monsieur, elle nous fait demeurer avec elle. Par malheur, et c'est un grand chagrin pour moi, monsieur, la généreuse enfant travaille jour et nuit pour subvenir aux charges qu'elle s'est imposées et ne peut y parvenir. Chaque mois, il faut qu'elle dépense un peu d'un capital de quinze mille francs que lui a laissé sa mère. Si j'étais seule, je me serais déjà enfuie, pour ne pas ruiner ma bienfaitrice. Mais ces deux enfants me retiennent et m'ôtent tout courage. Il faudrait les mener à l'hôpital, monsieur !... A l'hôpital, les enfants de ma fille ! »

Marie, pendant que Marguerite parlait, se tenait les yeux baissés, honteuse et confuse, comme si l'on eût révélé d'elle une mauvaise action.

« J'étais orpheline ; je ne pouvais demeurer seule, sans protection, sans affection, interrompit-elle comme pour s'excuser. Marguerite veille sur moi, ses enfants m'aiment ; n'est-ce pas que suis leur obligée, monsieur ?

— Vous êtes une bonne jeune fille, mademoiselle Marie, répliqua-t-il d'une voix émue. Vous méritez que l'on vous témoigne de l'intérêt, et je vais vous prouver celui que je prends à vous..., en vous grondant. Oui, en vous grondant ! Écoutez-moi, chère petite, il ne faut point voyager seule ainsi dans les voitures publiques.

— Monsieur, interrompit Marguerite, elle a été, pendant huit jours, travailler de son état de couturière chez Mme la marquise de Saint-Vincent, qui la protège.

— Voilà qui est bien ; mais rappelez-vous, Marie, qu'il ne faut point causer avec les voyageurs que vous ne connaissez point ; qu'il faut encore moins faire des bouquets avec eux ; qu'enfin une jeune fille ne doit pas se laisser reconduire en voiture par un inconnu. Dieu a voulu, cette fois, que vous rencontriez un homme à qui votre beauté et votre innocence ont inspiré l'admiration et le respect que l'on a pour les anges. Beaucoup d'autres eussent pu lâchement abuser de votre candeur. Soyez donc à l'avenir prudente et muette en coucou, et laissez plutôt mouiller votre joli bonnet que d'admettre chez vous un étranger.

« Maintenant, pour prix de ma leçon, permettez-moi de donner un baiser à votre front si pur, et d'embrasser, sur leurs bonnes grosses joues, ces deux charmantes petites filles qui vous appellent leur mère. »

Il effleura de ses lèvres le front de Marie, glissa deux pièces d'or dans les mains des enfants, qu'il prit sur ses genoux, et sortit sans se nommer.

« Voici un bien bon monsieur, dit Marie.

— Nous prierons ce soir pour lui, ajouta Marguerite, car il vous a donné de sages conseils, mon enfant. »

Marie s'attendait à revoir l'inconnu qui s'était montré si bienveillant pour elle. Huit mois s'écoulèrent néanmoins sans qu'il revînt, et ces huit mois se passèrent bien péniblement pour la pauvre jeune fille ! Pendant leur durée, longue et douloureuse, elle versa presque autant de larmes qu'aux jours de désespoir où elle voyait lentement mourir sa mère. Ce fut d'abord la vieille Marguerite qui tomba malade ; après cela vint le tour des deux petites filles, Lydie et Zénaïs. Il fallut que Marie suffît à les soigner toutes les trois, sans quitter leur chevet ni le jour ni la nuit. Aussi, quand Dieu mit un terme à ces épreuves pénibles, quand la vieille femme et les deux enfants entrèrent presque à la fois en pleine convalescence, il ne restait plus rien, sur les joues naguère si roses de Marie, de leur fraîcheur merveilleuse. Pâle, amaigrie par les veilles, par la fatigue et par les inquiétudes, elle semblait avoir vieilli de cinq ou six ans. Des illusions de l'adolescence elle était passée brusquement à la réalité de la raison. Maintenant elle envisageait sérieusement la vie, et, mère avant d'avoir cessé d'être jeune fille, elle connaissait toutes les amertumes de la maternité. Naguère un sourire de bonheur entr'ouvrait les lèvres de ceux qui la rencontraient, rayonnante de son innocence et de sa beauté; maintenant on se sentait ému d'un mystérieux attendrissement, en présence de sa mélancolique résignation et de sa douce fermeté.

Une fois la maladie et la crainte hors du logis, il fallut y ramener l'ordre et le travail. Le médecin et l'apothicaire avaient fait une large brèche à la petite réserve léguée à Marie par sa mère; elle se mit courageusement à l'œuvre pour ne plus se voir forcée désormais d'y recourir.

Un matin que, entourée des deux enfants, elle leur enseignait à coudre, tout en cousant elle-même depuis le lever du soleil, elle entendit la vieille Marguerite jeter un cri de surprise et de joie.

« C'est vous, monsieur! disait-elle : vous ne nous avez donc point tout à fait oubliées! »

La porte s'ouvrit, et le mystérieux ami de cette famille laborieuse entra dans la petite chambre. Il portait un uniforme que ne connaissait point Marie; plusieurs décorations brillaient sur sa poitrine.

« Je croyais que vous ne pensiez plus à votre élève, monsieur, fit en souriant la jeune fille.

— Mon enfant, je n'ai point cessé de m'occuper de vous, et j'espère vous en donner bientôt la preuve. Je désire que vous veniez tout de suite avec moi. Voulez-vous vous faire belle et m'accompagner?

— Où donc voulez-vous me mener, monsieur?

— C'est mon secret. Hâtez-vous; je vous donne dix minutes pour faire une ravissante toilette. Le joli bonnet à rubans chamarrés, la robe rose, le tablier noir et les mignons brodequins existent-ils encore?

— Hélas! monsieur, je ne m'en suis point parée depuis le jour où je vous ai rencontré. Ils n'ont point quitté cette armoire.

— Tant mieux! c'est le costume que je désire vous voir. A l'œuvre donc, mon enfant! Dix minutes, vous entendez, pas plus. »

Il tira de sa poche un sac de bonbons, le distribua aux deux petites filles, et s'informa gravement des progrès qu'elles faisaient dans la science si difficile de la lecture. D'abord effarouchées, les espiègles finirent par se familiariser si bien avec le monsieur, qu'elles prenaient son chapeau et qu'elles grimpaient sur ses genoux, quand Marie sortit de son cabinet de toilette, délicieuse de recherche et de propreté.

« Vous voilà telle que je voulais, dit l'inconnu. Embrassez vos enfants et dame Marguerite, car je compte bien ne vous ramener ici que fort avant dans la soirée. »

Il lui présenta son bras, sur lequel Marie ne s'appuya qu'avec timidité. Quand ils eurent descendu l'escalier, la jeune fille vit une voiture qui les attendait à la porte ; non pas, cette fois, un fiacre, mais un landau, moins élégant d'ailleurs que commode. Le cocher fouetta ses chevaux, traversa une partie des boulevards, se dirigea vers l'autre côté de la Seine, entra dans la cour de l'Institut et s'arrêta devant un des perrons extérieurs. Le guide de Marie lui prit la main et la fit monter par un escalier dérobé. Une petite porte s'ouvrit brusquement, et la jeune fille se trouva au milieu d'une assemblée immense et brillante. Tous les yeux se fixèrent à la fois sur celui qui l'accompagnait et sur elle. Marie se sentit vivement émue, ses yeux s'emplirent de larmes.

« Mon enfant, lui dit son protecteur, il y a dans cette assemblée une femme qui désire beaucoup vous connaître : c'est la mienne. Je vais vous placer près d'elle. »

Il conduisit la jeune fille à une dame pleine de distinction et de bonté, qui accueillit la grisette avec une bienveillance affectueuse. Elle prit sa main dans ses mains, et une voix s'éleva pour dire :

« La séance est ouverte. »

Alors plusieurs personnages, revêtus du même uniforme que portait l'ami de Marie, prirent place autour d'une table, et l'un d'eux prononça un discours dans lequel il raconta de nobles et belles actions.

« Nous avons réservé, dit-il, pour terminer cette série d'actes charitables et vertueux, le dévouement

naïf d'une jeune orpheline qui s'est faite la mère
de deux autres orphelines et la fille d'une septuagénaire. Afin de les secourir, et de ne point se séparer d'elles, non seulement elle a passé les nuits à
travailler, mais encore elle n'a point hésité à sacrifier une partie du petit héritage que lui avait laissé
sa mère. Enfin, depuis six mois, Dieu a voulu
éprouver de nouveau le courage de la jeune fille;
la maladie a frappé les trois personnes adoptées par
elle. L'orpheline a épuisé ses forces, sa santé et
ses ressources à leur prodiguer ses soins, et n'a
point succombé au découragement, seule durant si
longtemps, en présence de trois mourantes. Aussi,
messieurs, n'hésitons-nous pas, sur la proposition
de notre illustre collègue, M. Georges Cuvier, à vous
proposer de décerner un prix de mille francs à
Marie Benoit. »

Des applaudissements éclatèrent dans toutes les
parties de la salle. On se leva pour voir la jeune
fille; les femmes lui jetèrent leurs bouquets de
fleurs. Tandis que, les yeux pleins de larmes d'attendrissement, elle croyait faire un rêve, le grand
naturaliste la prenait par la main et la conduisait au
président qui lui remettait le prix si dignement
mérité.

« Oh! monsieur, dit-elle, oh! monsieur! que vous
me rendez heureuse!

— Mon enfant, reprit l'homme célèbre, cette
journée est une des plus belles de ma vie! »

La solennité terminée, M. Cuvier ramena chez
lui, au Jardin des Plantes, sa jolie protégée; la
jeune fille dîna avec la famille de l'académicien, et

le soir, au moment de partir, elle reçut un petit portefeuille de maroquin vert.

« Vous avez dépensé cinq mille francs des quinze mille que vous avait légués votre mère ; madame la Dauphine me charge de vous remettre cette somme ; il y a encore là le brevet d'une pension de douze cents francs sur la cassette du roi. Vous le voyez, Marie, le travail, la vertu et la charité portent bonheur. Adieu ; vous viendrez tous les quinze jours, le dimanche, dîner au Jardin des Plantes avec ma fille, avec moi et avec ma femme. »

Je vous laisse à penser la joie et le bonheur que Marie rapporta au logis ! que de bénédictions sortirent des lèvres septuagénaires de Marguerite, et avec quelle ferveur toute cette heureuse famille adressa, le soir, ses prières à Dieu !

Le lendemain de cette journée, qui lui semblait encore un songe, Marie travaillait près de sa fenêtre : malgré elle, le souvenir de tout ce qui lui était advenu la veille faisait tomber son ouvrage de ses mains et la jetait en de longues et douces rêveries, lorsque tout à coup ses regards, qui erraient vaguement, s'arrêtèrent sur la maison d'en face. Des prêtres en sortaient, emmenant un cercueil. Derrière eux marchait un jeune homme qui pleurait avec amertume... Il suivait le cercueil de sa mère. Marie ne put retenir ses larmes, car elle se sentait émue de compassion et partageait la douleur du jeune homme en se rappelant le jour où elle aussi avait vu emmener le cercueil de sa mère.

Soit hasard, soit que Dieu le voulût ainsi, le jeune homme leva la tête et vit les pleurs de la jeune fille ; il comprit qu'elle le plaignait. Par cette compassion inattendue, il se sentit un peu moins désespéré au milieu de sa cruelle douleur. Il lui semblait qu'il n'était plus tout à fait abandonné sur la terre.

Le soir, quand il rentra dans la chambre déserte où il ne trouva plus sa mère, il ouvrit la fenêtre et se mit à regarder, à travers les vitres, éclairées par la lueur d'une lampe, Marie, qui travaillait, entourée des enfants et de Marguerite.

Un mois s'écoula, après lequel, un matin, M. Cuvier vint rendre visite à sa protégée. Quand il sortit, un jeune homme de bonne mine et vêtu de noir l'attendait près de sa voiture.

« Pardonnez-moi, monsieur, dit-il, mais je voudrais avoir l'honneur de vous parler. C'est quelque chose qui intéresse Mlle Marie. »

Cuvier le fit monter dans la voiture et asseoir près de lui. Le jeune homme raconta qu'il s'appelait Philippe T..., qu'il était ouvrier imprimeur, qu'il aimait Mlle Marie et qu'il voudrait l'épouser.

« Je ne suis point sans ressource, dit-il ; j'ai une petite rente de mille francs, et je gagne sept francs par jour chez mon patron. Enfin, monsieur, je mène une vie régulière et ne manque point d'éducation. Mlle Marie serait heureuse avec moi ; du moins j'y ferais tous mes efforts. »

Cuvier remonta chez Marie.

« Un jeune homme, votre voisin d'en face, vient de me parler de vous, Marie. »

Une rougeur éclatante couvrit les joues de la jeune fille.

« Voilà qui paraît de bon augure pour lui, reprit le naturaliste ; il est inutile d'ajouter qu'il vous aime et qu'il vous demande en mariage.

— Mon cher protecteur, reprit Marie, remise de son émotion, et après un moment de silence, la demande d'un honnête homme qui veut faire de moi sa femme, et qui s'adresse à vous pour me transmettre cette demande, ne devrait que m'honorer. Mais je dois vous donner quelques explications avant de répondre, ou plutôt, quand vous m'aurez entendue, vous répondrez vous-même pour moi.

« Mon père appartenait à une famille de marchands de nouveautés ; il épousa ma mère, héritière d'un nom célèbre ; le mariage se fit malgré les deux familles : de là bien des chagrins et bien des épreuves terribles. Tous les deux y ont succombé ; voilà pourquoi je suis orpheline et seule au monde. Malgré cet abandon et quoique pauvre, monsieur, j'hésite à n'épouser qu'un simple ouvrier. Si j'ai tort, je saurai bien triompher de ce scrupule. Dites, que me conseillez-vous ?

— Je vais reporter mot pour mot notre conversation à Philippe, c'est lui qui décidera la question. »

Et il alla tout raconter au jeune homme, qui l'écouta la tête baissée.

« Eh bien, que résolvez-vous ?

— Monsieur, répondit-il, priez Mlle Marie d'attendre deux ans avant de penser à un autre mariage. Je lui demande cette grâce au nom de ma mère et de la sienne, qui, toutes deux, nous regardent du ciel. D'ici là, je saurai conquérir un nom et une position dignes d'elle. »

Cuvier gravit de nouveau les quatre étages de Marie, et lui rapporta la réponse de Philippe.

« Cette fois, monsieur Cuvier, dit-elle après un moment de réflexion, je désire donner moi-même ma réponse à M. Philippe. N'est-ce pas votre avis, et ne pensez-vous pas que je ferai bien de me placer sous la protection d'un si noble cœur ? »

Marguerite alla prévenir Philippe de monter.

« Monsieur, lui dit Cuvier, je vous présente votre fiancée. »

Philippe ne put retenir les larmes qui remplissaient ses paupières, et les sanglots de bonheur qui gonflaient sa poitrine.

Trois mois après, le repas de noces eut lieu au Jardin des Plantes, chez M. Cuvier.

Aujourd'hui Philippe est devenu un de nos plus habiles et de nos plus riches imprimeurs. Marie a aidé puissamment Philippe dans les nobles efforts qu'il a faits.

Il y a dans le salon de la jeune femme un buste en marbre de Cuvier et un bouquet desséché.

Ai-je besoin de vous dire que jamais elle ne regarde sans une vive émotion le buste et le bouquet?

CHAPITRE XIX

LES MANUSCRITS DE NORBERT

§ 2

LES AMOURS DE DEUX BRINS D'HERBE

I

Vers la fin du printemps, un rêveur plongé dans un de ces grands fauteuils si favorables au vagabondage de la pensée, les pieds sur ses chenets, et les fenêtres toutes grandes ouvertes, savourait la double jouissance de se chauffer et de respirer un air pur et frais.

Le soleil brillait, le ciel était bleu, des moineaux piaillaient perchés sur un toit voisin ; de temps à autre, une harmonieuse bouffée de vent se jetait à travers les rameaux d'un groupe de peupliers dont les branches commençaient à se couvrir de bourgeons cotonneux. La douce influence du renouveau émanait de tout et de partout.

Les habitants d'un petit aquarium, grande caisse
de verre placée sur la cheminée même, devant les
yeux de notre rêveur, se sentaient heureux de vivre.
Parés de leurs robes nuptiales, ils allaient, venaient
sautaient et bondissaient comme de jeunes ouvrières
s'ébattent le dimanche dans une prairie.

Seule, une épinoche ne se livrait pas à cette
gaieté. Affairée, elle achevait de se construire un
nid et mettait à son travail une adresse et une activité fiévreuses. Une touffe de vellisnère, entièrement recouverte par l'eau, servait de fondations et
de gros murs à la bâtisse du petit poisson. Des brins
d'herbes aquatiques qu'il butinait çà et là, qu'il rapportait dans sa bouche, et qu'en habile vannier il
enlaçait les uns aux autres, ne tardèrent point à
former une rotonde dans laquelle on pénétrait par
un étroit couloir, facile à défendre contre les im-
portuns et contre les ennemis ; une vraie bouteille
avec son goulot.

Hélas ! les ennemis ne manquaient pas ! Un triton, gros lézard à queue taillée en forme de rame et
au corps noir, diapré de taches jaunes, nageait autour du nid inachevé, tandis qu'un dytique planait à
la surface de l'eau et remuait ses mandibules tran-
chantes, comme un ogre qui sent la chair fraiche.
L'épinoche ne tenait compte des menaces ni du ba-
tracien, ni de l'insecte. Avec la rapidité d'une flèche,
elle passait entre eux, esquivait leurs poursuites,
saisissait les matériaux nécessaires à la confection
de son logis, et rentrait intrépidement. A peine
avait-elle franchi le seuil de sa demeure qu'elle se
débarrassait de son fardeau, se retournait vivement,

faisait face aux ennemis qui la poursuivaient, leur lançait des bulles d'air et frappait l'eau de sa queue.

Le dytique, ce requin des marais, s'éloigna prudemment et se tint en observation à quelque distance. Le triton, au contraire, d'une nature brutale et stupide, comme le crocodile, dont il rappelle l'aspect, se rua sur le goulot du nid. Le tissu solide et tressé étroitement prit et entortilla une de ses pattes dans une sorte de lacet. Plus le prisonnier se débattait, plus les nœuds du piège se resserraient. Tandis qu'il tentait des efforts désespérés pour se remettre en liberté, le dytique, avec la rapidité du vautour, s'abattit sur lui, saisit une de ses pattes de derrière, la trancha d'un double coup de mandibule, remonta jusqu'à la surface de l'aquarium, et, tout en nageant, dévora le membre sanglant qui palpitait encore. Le triton, exaspéré par la douleur, brisa enfin les liens qui le retenaient captif, et se hâta de cacher sa honte et ses souffrances au fond de la vase. Celle-ci, brusquement secouée, s'éleva en nuages noirs et fangeux, enveloppa le blessé, le déroba aux regards, et troubla pendant quelques instants la pureté de l'eau. On eût dit un démon qui rentrait dans l'abîme.

L'épinoche, qui, du seuil de sa retraite, regardait les péripéties de ce drame, ne tarda point à reprendre paisiblement ses travaux. Dix minutes après, il ne lui restait plus rien à faire qu'à se complaire dans son œuvre, satisfaction qu'elle s'accorda pendant quelques secondes.

Tandis qu'elle allait d'un bout à l'autre de son nid, inspectant de ses gros yeux jusqu'aux plus infimes détails, et ne trouvant pas le moindre brin d'herbe à changer de place, une transformation merveilleuse s'opérait en elle : chacune des écailles de sa robe grise s'irisait des tons les plus splendides de l'arc-en-ciel, et ruisselait des reflets chatoyants de l'or, de la pourpre et de l'opale. Ainsi parée, elle se pavanait, elle sautait, elle dansait en quelque sorte. Son corps souple frôlait l'eau de mille coquettes façons, et lui faisait rendre un petit claquement qu'on aurait pu, sans trop d'exagération, comparer aux jacasseries d'une paire de castagnettes. Attiré par ce bruit et par ce manège, un mâle accourut de l'autre bout de l'aquarium. Aussitôt l'épinoche rentra brusquement dans son nid, pondit une trentaine de gros œufs sur une petite couche d'herbes soyeuses façonnée en berceau, et céda sa place à l'autre poisson. Celui-ci couvrit les œufs de sa laite comme on enveloppe un nouveau-né dans des langes, et s'éloigna gravement.

Dès qu'il fut parti, l'épinoche, dont la robe avait repris sa couleur modeste, s'occupa de rendre encore plus étroite l'entrée de sa maison : à peine lui restait-il la place nécessaire pour sortir et pour rentrer.

Elle sortit cependant, picora des petits vers et des œufs d'insectes, et déposa ses provisions entre deux larges feuilles de la vallisnère, transformées ainsi en garde-manger. Définitivement de retour, elle se plaça ou plutôt elle se coucha près de ses œufs, immobile et absorbée dans une tendre méditation.

Tandis que s'accomplissaient ces miracles de

maternité, le nid au sein duquel ils se passaient parut tout à coup s'émouvoir et s'animer à son tour. La touffe entière de la vallisnère sembla frissonner par je ne sais quelle commotion magnétique. Un bouton de fleur sortit d'entre les feuilles qui l'entouraient et apparut fixé à un long pédoncule, espèce de queue mince, verte et nuancée de légères taches jaunes.

Ce pédoncule, replié en spirale sur lui-même, se déploya peu à peu, s'étendit, s'allongea et amena à la surface de l'eau la fleur fermée encore, blanche et suave.

La fleur acheva de s'épanouir à la tiédeur de l'atmosphère, s'ouvrit, exhala une bulle d'air, un soupir sans doute, se pencha mollement et se laissa aller avec une voluptueuse indolence aux légers remous qui balançaient son oreiller liquide.

A l'autre extrémité de l'aquarium, c'est-à-dire à un mètre environ du nid de l'épinoche, poussait une vallisnère mâle, ensevelie sous l'eau; entre ses feuilles étroites et longues, surgissait un court pédoncule que couronnait un gros cylindre renfermé dans une de ces enveloppes grisâtres que les botanistes désignent sous le nom de spathe. Au moment où la vallisnère femelle apparut hors de l'eau, la spathe se déchira de haut en bas, en deux larges bandes, s'abaissa gracieusement, et se recourba pour figurer la double anse d'une amphore. Au milieu de cette amphore apparut une gerbe de petits boutons, clos encore, et qu'attachaient à un cône verdâtre des pédicelles frêles et menus.

Quand la spathe se fendit, une bulle d'air s'en

échappa, remonta et éclata hors de l'eau ; peut-être était-ce encore un soupir répondant cette fois au soupir de la fleur qui flottait sur l'aquarium.

Les boutons qui composaient la gerbe parurent éprouver ensuite une sorte de frémissement sur leurs pédicelles, qui se rompirent tout à coup vers le sommet. Soudain ils s'élevèrent comme des ballons rendus libres, — ils contiennent, en effet, un peu d'air, — et vinrent surnager à la surface de l'aquarium. On eût dit des perles qui s'égrenaient.

Après avoir erré çà et là, ils s'arrêtèrent et se réunirent en groupe.

La vallisnère femelle sembla se soulever et les appeler vers elle.

On vit alors les boutons, attirés par une puissance magnétique, se diriger sur la corolle de la vallisnère, lentement, mais sûrement, la heurter, s'ouvrir brusquement, comme par la détente d'un ressort, et lancer en vapeur lumineuse le pollen qu'ils renfermaient. Puis, tout à fait épanouis et ressemblant aux trèfles d'une ogive gothique, ils s'écartèrent soit par le recul de leur propre explosion, soit par la force mystérieuse qui les avait attirés, et s'en allèrent à la dérive, inertes et flottant au hasard.

La vallisnère, couverte de pollen', ferma sa corolle et se glissa dans l'eau. Le pédoncule en spirale qu'elle surmontait frémit, se crispa, se resserra, se raccourcit, et ramena la fleur jusque sur la vase.

Désormais la coquette, que le désir de plaire avait appelée de l'humble retraite où elle était née, au sommet des régions supérieures do l'eau, va reprendre son existence cachée. Comme l'épinoche, sa voisine, elle se consacrera aux soins de sa lignée, sans autre souci des époux que, fatale Circé, elle a tués par ses maléfices, et dont les cadavres, flottant au hasard, commencent déjà à se décomposer. Mais que lui importe à elle ? Elle est mère, et la maternité l'absorbe tout entière, la purifie, la transfigure ! Voyez ! sa corolle ne garde rien de la somptuosité qui la parait naguère et retombe en sévères et chastes plis ; elle ne tardera pas à rejeter ces restes d'ornements, prendra la forme et le nom vulgaire de gousse, et ne vivra plus que pour obtenir la maturité des graines qu'elle porte dans ses flancs. Ces germes précieux déposés dans la vase féconde, sa mission maternelle accomplie, elle s'abandonnera à l'expiation de sa vie passée. Elle mourra sur son pédoncule, qui se détachera lui-même de la racine natale. Fleur et pédoncule, coupable et complice, subiront pareil châtiment et mourront ensemble. Œnone ne survivra point à Phèdre.

II

Un visiteur vint brusquement interrompre le rêveur dans la contemplation de ces ineffables miracles de la création. Il s'agissait d'une affaire sérieuse, qui rejeta le naturaliste dans les âpres réalités de la vie matérielle. Les soucis, les ennuis, la maladie elle-même, accoururent à la suite de cette affaire, et tracassèrent si fort et si bien le pauvre garçon, que, pendant je ne sais combien de jours il ne songea ni à l'épinoche, ni à la vallisnère, encore moins au triton et au dytique. Il ne jeta même pas un seul regard attentif sur l'aquarium placé constamment sous ses yeux.

Ce ne fut qu'un matin, après une nuit de fièvre, agité, nerveux, mal à l'aise, cherchant en vain dans son fauteuil une attitude sans souffrance, que ses regards se portèrent machinalement vers le lac en miniature. La corolle de la vallisnère avait disparu sans laisser de traces ; le dytique s'occupait à filer, au sommet d'une feuille repliée, une coque pour y déposer ses œufs, et le triton continuait à errer çà et là, tout aussi stupide et tout aussi affamé qu'autrefois. Seulement le membre naguère amputé par le dytique commençait à repousser, et la patte entière, complètement reformée, sortait de l'épaule comme d'une manche repliée ; on apercevait même un commencement de l'avant-bras.

Ce lézard, animal à sang froid, il est vrai, mais dont les membres, comme ceux des mammifères, comme les nôtres se composent d'os, de muscles, de nerfs, de veines et d'artères, ce lézard, dis-je, possède l'étrange propriété de repousser et de se reconstituer par bourgeons, ni plus ni moins qu'une plante. Des expérimentateurs ont successivement coupé les quatre membres d'un triton, et le triton a fait membres neufs. On lui a enlevé la moitié des mâchoires, les mâchoires sont revenues ; on a en partie vidé son cerveau avec la pointe d'un scalpel, et la boîte osseuse du cerveau s'est remplie de nouveau ! Quant aux yeux, on a pu les enlever à un triton, oui, ses yeux ! sans que la nature ait consenti à laisser aveugle la pauvre bête si cruellement torturée par la science !

Le boiteux dont la patte repoussait si gaillardement ressemblait, quant au moral, à ces hommes de 1815 qu'on accusait de n'avoir rien appris et de n'avoir rien oublié ! Il n'avait pas oublié le nid de l'épinoche, il n'avait point appris, malgré une expérience passablement rude, les périls auxquels on s'exposait quand on voulait en forcer l'entrée. Il louvoyait donc devant l'ouverture étroite de ce nid et semblait contrarier beaucoup l'épinoche.

A la fin, celle-ci perdit patience et dressa sur son dos neuf épines, longues, roides, fortes, acérées ; ses nageoires de devant devinrent elles-mêmes des dards de pareille nature. Ainsi accoutrée en guerre, elle s'élança sur le triton presque sans moyen de défense, et qui prit la fuite : elle le poursuivit jusqu'à l'autre bout de l'aquarium, où il se réfugia parmi les feuilles de la vallisnère mâle. Là, exaspérée, implacable, l'épinoche l'accula contre une souche de racines, lui perça et lui reperça le corps à l'aide des épieux qui la hérissaient, le cribla de blessures, et ne le quitta que sanglant et mort.

Débarrassée de lui, elle replia sur son dos les armes dont elle venait de se servir avec tant de férocité et de succès, retourna à son nid, et sans y entrer, donna sur le seuil un signal, en frappant l'eau de sa queue. Aussitôt accourut une bande de petits poissons, longs au plus de deux ou trois lignes. Les espiègles se bousculaient à la manière des écoliers qui sortent de classe. La mère, par quelques tapes qu'administrèrent à propos ses nageoires, ramena la discipline chez les mutins, et les conduisit vers les herbes au milieu desquelles gisait le cadavre du triton. On vit alors les bouches de tout le fretin s'ouvrir avec convoitise et happer les parcelles de chair et de sang caillé éparpillées dans l'eau. Ce repas de cannibales terminé, la mère ramena sa couvée au logis et fit rentrer ses poussins un à un devant elle. Quand elle les eut tous comptés avec la sollicitude d'un maître de pension qui s'assure que nul de ses élèves ne fait l'école buissonnière, elle ferma la porte à l'aide d'une large feuille qu'en quelques coups de tête elle fixa solidement par ses deux extrémités, puis elle alla aux provisions.

Ce qu'elle rapporta et ce qu'elle emmagasina de vers et de détritus ne saurait se figurer : il y en avait pour plus d'une semaine de provende.

Hélas ! cette provende devait servir à bien peu de ces petits poissons, si franchement goulus, si gaiement indisciplinés ! Un matin, un choléra vivant frappa la couvée tout entière de l'épinoche. C'était une bande d'argules foliacées. Crutacés parasites, la bouche armée d'une trompe aiguë et flanquée de deux ventouses dentelées à la manière des requins, les pattes de devant terminées par des ongles aigus qui ne lâchent jamais la proie qu'ils tiennent, ils se ruèrent dans la demeure de l'épinoche. Chacun de ces brigands choisit et saisit sa proie, s'y attacha avec ses griffes, s'y cramponna avec sa double ventouse, et vampire inassouvissable, ne la quitta que morte. Un seul de ces monstres ne suffisait-il pas, ils se réunissaient deux, quatre, vingt, s'il était nécessaire. En moins d'une semaine, il ne restait plus que trois ou quatre épinoches échappées par miracle à ces routiers sans miséricorde. La mère avait succombé l'une des premières, vaincue par le nombre, et après une résistance inutile.

On voyait son squelette, gisant au fond de l'eau près des débris du triton. La même tombe réunissait la meurtrière et sa victime.

N'allez pas croire que les merveilles qui se passent dans l'aquarium et dont je vous ai dépeint quelques scènes soint rares ou difficiles à rencontrer. Les dytiques pullulent dans toutes les mares, en compagnie des tritons et des épinoches. Celles-ci foisonnent, en outre, dans les fontaines, les ruisseaux, les lacs, les canaux et les étangs. On les y pêche souvent avec tant d'abondance, qu'on les emploie à la fabrication d'une huile recherchée par certaines industries, et que, dans quelques pays, en Écosse, par exemple, on recouvre les champs de millions de leurs cadavres, l'un des meilleurs engrais connus.

La vallisnère, qui sert également à fumer des terres, tapisse le fond des eaux douces, non seulement de l'Europe méridionale et tempérée, mais encore de l'Asie et de l'Amérique. Suivant M. Trécul, elle s'avance même jusqu'au milieu des eaux salées du golfe du Mexique. Elle encombre parfois tellement le Rhône, qu'elle nécessite de grands travaux de curage, sans lesquels la navigation de ce fleuve éprouverait de sérieux obstacles.

CHAPITRE XX

CONCLUSION

Qui sait ce qui est heur ou malheur en ce monde ? disait ce pauvre Gérard de Nerval. Demain peut-être nous pleurerons de ce qui nous fait rire aujourd'hui, et nous rirons de ce qui nous fait verser des larmes. La joie sort de la douleur, autant que la douleur sort de la joie.

En effet, le retour de M. Raparlier et de Norbert, chez M. Bogaerts, avait changé en bonheur la tristesse laissée par leur départ. Odile et Tréa ne se sentaient point de joie : et si la première s'ingéniait à confectionner les plats les plus exquis de son répertoire culinaire, pour fêter le retour des voyageurs, Odile les obligeait sans cesse à recommencer le récit de leurs aventures dans les contrées sauvages, où le Nil prend naissance.

Quant à M. Bogaerts, il s'extasiait devant le magnifique herbier contenant la flore du lac Nianza. C'étaient des espèces nouvelles et inattendues, et il serrait avec émotion les mains de son ami, en lui répétant les larmes aux yeux : « Ah ! que vous êtes heureux d'avoir fait ce voyage, et quelle bonne idée vous avez eu de l'entreprendre ! »

Ce fut à peu près ce que pensa l'Académie des ciences, quand Norbert vint lire devant ce cénacle de savants, le mémoire qu'il avait rédigé de son voyage. Et le président lui dit avec un sourire :

— Vous êtes heureux, monsieur, de pouvoir raconter de telles merveilles, et bien plus encore, d'associer si dignement votre nom au nom d'un de nos plus éminents collègues. Prenez garde, vous prenez le chemin qui mène à l'Institut, et si vieux que je sois, j'espère vous voir un jour vous asseoir dans un de nos fauteuils.

Le public accueillit avec la même bienveillance le livre que Norbert publia sur son voyage. Les éditions s'en succédèrent rapidement, et je vous laisse à juger du bonheur que M. Bogaerts éprouva en en plaçant les volumes à la meilleure place de sa bibliothèque.

Donc, aujourd'hui la quiétude est entrée dans le logis de l'excellent homme, et pour n'en plus sortir.

Dame Tréa ne gronde parfois que pour n'en pas perdre l'habitude, et c'est surtout quand Norbert, obligé d'accepter une invitation à diner, ne prend point sa place habituelle à la table de la famille.

Odile grandit beaucoup et commence à cesser d'être un enfant pour devenir une jeune fille. Mlle Mine, qui vieillit un peu, ne quitte guère les genoux de son maître que pour aller rappeler à dame Tréa que l'heure est venue de lui servir la pâtée.

FIN.

TABLE DES MATIÈRES

Paris. —Soc. d'imp. PAUL DUPONT, rue J.-J.-Rousseau, 41 (Cl.) 67.10,81.

* 9 7 8 2 3 2 9 2 9 9 0 9 9 *